心态的力量

钱 静/著

中华工商联合出版社

图书在版编目（CIP）数据

心态的力量 / 钱静著 . -- 北京 : 中华工商联合出

版社 , 2017.2

ISBN 978-7-5158-1916-7

Ⅰ.①心… Ⅱ.①钱… Ⅲ.①成功心理 – 通俗读物

Ⅳ.① B848.4-49

中国版本图书馆 CIP 数据核字 (2017) 第 008557 号

心态的力量

作　　者：钱　静

责任编辑：吕　莺　张淑娟

封面设计：信宏博·张红运

责任审读：李　征

责任印刷：迈致红

出版发行：中华工商联合出版社有限责任公司

印　　刷：唐山富达印务有限公司

版　　次：2017 年 5 月第 1 版

印　　次：2022 年 2 月第 2 次印刷

开　　本：710mm×1000mm　1/16

字　　数：200 千字

印　　张：15.75

书　　号：ISBN 978-7-5158-1916-7

定　　价：48.00 元

服务热线：010 – 58301130

销售热线：010 – 58302813

地址邮编：北京市西城区西环广场A座

　　　　　19-20 层，100044

http:// www.chgslcbs.cn

E-mail：cicap1202@sina.com（营销中心）

E-mail：gslzbs@sina.com（总编室）

目　录

第三章　不放纵自己，不苟且偷安

第四章　重视细节，细节决定成败

第七章 经营好"人脉",融入团队

前　言

　　一个人的世界观和处世态度，往往决定了他的前途。正如一位哲人所说："态度决定成败，无论情况好坏，都要抱着积极的态度，莫让沮丧取代热心。"

　　人们往往因为观念不同，生活经历不同，人生也大相径庭。对于同样的事情，不同的人表现出的态度和行为也会各不相同。

　　有两个孩子，对待事情一个悲观，一个乐观。他们的父亲希望能够改变一下悲观孩子的人生态度，所以，他决定进行一项实验：他给悲观的孩子送了一屋子玩具；同时，给乐观的孩子送了一屋子马粪。

　　第二天，他发现，悲观的孩子依旧愁容满面，所有的玩具他连碰都不曾碰过，因为孩子害怕把它们弄坏了；而乐观的孩子，则在马粪堆里玩得非常开心，还兴奋地叫着："爸爸，我猜，您一定在里面藏了一匹小马驹！"

　　可见一个人是否快乐，外在事物的影响是一方面，关键

心态的力量

还是看心态。一个人能否获得幸福、快乐与成功的人生，与其是否具有正确的人生态度有很大关系。

人很多时候改变不了现实状况，但可以改变自己的心态；改变不了天气，但可以改变心情；改变不了他人，但可以掌控自己；不能预知明天是否会成功，但可以告诫自己今天要更加努力。

人不一定事事顺利，但可以努力让自己事事顺心；不能延伸生命的长度，但可以增加生命的广度；不具有天分，但可以增长本领。

你以什么样的心态对待生活，生活便会以什么样的姿态呈现在你面前。有的人心态消极，常常令自己烦恼或者产生紧张、不安的心理。而心态积极的人，能勇敢地应对生活中的难题，保持心情愉快。所以，与其陷入消极的泥潭，不如挣脱出来，凡事多往好的方面想，这样，才能争取到更多扭转不利局面的机会。

人若想成功地改变自己的命运，改变不满意的现状，就必须端正思想，端正信仰，调整好自己的心态。本书为读者提供了一些阳光的生活态度和思想方法，帮助读者在生活中找到正确的方向，激发生活的热情，让读者获得更多有益的启迪和收获，使读者更深刻地理解和把握人生，乐观地面对生活中的难题。

第一章

就算全世界都否定你，
你也要相信自己行

坚定信念，收获成功的人生

很多人在面对困难时觉得束手无策，有的人竟寄希望于神明。束手无策也好，祈求神明也罢，其实这都是对自己无法改变现实的一种"慰藉"，不能解决任何问题，于事无补，要想解决问题只有靠自己采取行动。很少有人一生都一帆风顺，不会遭遇困难，只要我们态度端正，思想健康，便可以掌控自己的命运。

人的视觉不如鹰，嗅觉不如狗，听觉不如羚羊，很多感觉相较之别的生物都很迟钝。在力气上，人比不过大象、老虎，甚至比不过与人同样大小的其他动物。人虽然能昂首阔步地行走，但行动远不如猫灵巧，也跑不过狗，更跑不过马。人虽能站立，但站久了却腰酸背痛，这说明人的骨骼和肌肉不太适合长久保持直立姿势。鱼在水中游，鸟在空中飞，甚至连小小的昆虫，都有强大的繁殖力和适应环境的能力。但是，主宰世界的却是人类。

人类能做到这一点，靠的是别的生物所不具有的智慧，靠的是"人定胜天"的态度和信念。所以，人只要态度端正，信

心态的力量

念坚定，便能取得一定的成就，在不断努力中实现自己的价值，获得自己想要的人生。

罗斯福说过："杰出的人不是那些天赋很高的人，而是那些把自己的才能在尽可能的范围内发挥到最高限度的人。"

拿破仑在学校读书时，简直"笨"得出奇。无论是法语还是别的外语，他都不能正确书写，成绩也一塌糊涂。而且，少年时期的拿破仑还十分任性、野蛮。在他的自传中，他这样写道："我是一个固执、鲁莽、不认输、谁也管不了的孩子。我使家里所有的人感到恐惧。受害最大的是我的哥哥，我打他、骂他，在他未清醒过来时，我又像狼一样疯狂地向他扑去。"不仅如此，拿破仑还常袭击比他大的孩子，虽然他脸色苍白、体态羸弱，但他常让他的对手不寒而栗。他家里的人都骂他是"蠢材"，人们都称他为"小恶棍"。随着年龄的增长，这个遭人白眼的孩子，渐渐有了自己的想法。

拿破仑开始理智地审视自己。他常沉溺于同龄人所无法想象的冥思苦想之中，他疯狂地迷恋着各种复杂的计算，他已学会用理智很好地控制自己的行动。他惊奇地发现了自己表现出来的出色的思考力，他从内心真正地认识了自己。此后，他行动起来果断而敏捷，富于抗争精神，并渐渐具有了出色的军事家的素质。35 岁时他登上了法国皇帝的宝座。

积极的自我意识形成的过程是不断认识自我、超越自我、挑战自我的过程。美国名模辛迪·克劳馥也是因为转变了心态才从"丑小鸭"变成"白天鹅"。

克劳馥从小就热爱大自然，读小学时，她课余时间喜欢做的一件事便是收集一种棕色蛾的茧。到了春天，克劳馥惊喜地看着小蛾从茧里面挣扎着出来，这些降临的小生命是那样美丽动人。

有一次，她不忍心看着一只小蛾从茧里出来时那种因备受折磨而痛苦不堪的样子，便用剪刀把连着它和茧的丝剪断了。她希望自己的热心帮助能使受到束缚的小蛾得到解脱，助它一臂之力。不料，小蛾没过多长时间就死去了。克劳馥伤心得大哭起来，根本没有意识到结果会如此可怕。母亲匆匆忙忙地走了过来。在弄清事情的原委后，她轻轻地拍着女儿的肩膀说："亲爱的，小蛾从茧里面出来时必定要拼搏奋斗，因为只有这样，它才能将身体里面的废物排除干净。如果让废物留在体内，小蛾就会因先天不足而活不成。"克劳馥睁着大眼睛，认真地听着。

后来，随着阅历的增加，克劳馥慢慢体会到，人也像小蛾一样，不努力奋斗，就会变得软弱无力。成为模特的克劳馥虽然在以后的训练过程中艰辛重重，但克劳馥丝毫不敢懈怠，勤学苦练，历经考验，最终成为世界名模。

俗语说："成事在人。"做任何事，有坚定的信念是最根本的前提。你想要什么样的人生，想取得多大的成就，就得付出多少艰辛和努力。你要相信自己的能力，不气馁、不放弃。虽然不是谁都能得偿所愿，但努力过、奋斗过，人生便会充实而精彩，你便会离自己的目标越来越近。

一鼓作气，奋斗到底

《左传》中有言："夫战，勇气也。一鼓作气，再而衰，三而竭。彼竭我盈，故克之。"可见一鼓作气的策略在取得成功的过程中发挥的重要作用。要奋斗就要有足够的勇气和冲力，一鼓作气取得成功。

成功学家拿破仑·希尔讲过一个故事，告诉我们成功就是一连串的奋斗，成功就在于一连串的"一鼓作气"。

他说："我最要好的朋友是个非常有名的管理顾问。有一次，我走进他的办公室，马上就觉得像走进宫殿一样。办公室内各种豪华的装饰、考究的地毯、忙进忙出的人以及知名的顾客名单都在告诉你，他的公司的确成就非凡。但是，这家鼎鼎有名的公司背后，却藏着无数的辛酸和血泪。这个朋友在创业之初的头六个月就把十年的积蓄花得一干二净，一连几个月都以办公室为家，因为他付不起房租。他也婉拒过无数的高薪工作，他目标清晰，他要坚持实现自己的理想。他也曾被顾客拒绝过上百次，但拒绝他的和欢迎他的客户几乎一样多。

"在整整七年的艰苦创业过程中，我没有听他说过一句怨言，他反而说：'我还在学习啊！社会竞争现在是无形的、捉摸不定的，很激烈，生意确实不好做。但不管怎样，我还是要继续学下去。'最后他真的做到了，而且做得轰轰烈烈。

"我有一次问他：'事业把你折磨得疲惫不堪了吧？'他却说：'没有啊！我并不觉得那很辛苦，反而觉得是受用无穷的经验。'"

由此可见，人倘若没有一鼓作气的毅力和一连串的坚持奋斗，成功只会化成泡影。倘若希尔所说的那位朋友做事时干干停停，或被困难吓倒，或被危机吓退，就会失去机遇，更与成功无缘。

奋斗是永不停歇的脚步，是无怨无悔的坚持，是一鼓作气的努力，是不停地给自己加油，而做到这些，就会让人拥有无尽的勇气，拥有一鼓作气的毅力，最终获取成功。

可见，如果我们选择了为梦想而奋斗，就要准备好坚持到底，这样才能让自己的人生变得与众不同。

卡罗斯·桑塔纳是一位世界级的吉他大师，他出生在墨西哥，七岁的时候随父母移居美国。由于英语太差，桑塔纳在学校的功课开始时一团糟。

有一天，他的美术老师克努森把他叫到办公室，说："桑塔纳，我翻看了一下你来美国以后的各科成绩，除了'及格'

心态的力量

就是'不及格'，真是太糟了。但是你的美术成绩却有很多'优'，我看得出你有绘画的天分，而且我还看得出你是个音乐天才。过几天，我们到旧金山的美术学院去参观，看看你是否具有美术天分吧！"

几天以后，克努森便真的把全班同学都带到旧金山美术学院参观。在那里，桑塔纳亲眼看到了别人是如何作画的，深切地感到自己与他们的巨大差距。当时，克努森先生告诉他说："心不在焉、不求进取的人根本进不了这里。人应该拿出200%的努力，这样不管你做什么或想做什么，成功的系数都会大很多。"克努森的这些话对桑塔纳影响至深，并成为他的座右铭。后来，2000年，桑塔纳以《超自然》专辑一举获得了8项格莱美音乐大奖。

一个人若想有所成就，就要不断地努力，该花心血的时候一定要投入，该付出的时候一定要努力付出，一鼓作气奋斗到底。

当然，在我们的一生中，要时时保持这样的心态并不容易，人生中难免会有意料之外的事发生。有的人不具备必胜的勇气和全力以赴的决心，也没有为事业付出全部热情和诚意，因而无法取得成功。更可怕的是，不少人就此活在"停止"之中，消极、悲观。还有人在遇到一个新问题时，第一反应往往是：这是行不通的，从前没有这么干过，这风险冒不得，现在的条件还不成熟，然后任由机会悄悄溜走。试想，如果人时常处于这种状态，对自己不敢抱很大期望或信心不足时，他就给自己的能力封了顶，无法有所突破。

对于不敢"登顶"，害怕"登顶"的人，不妨用一位成功学家的话来奉劝他们："遇到坚硬的岩石时，我们只有拿出比岩石更坚硬的意志才能去克服。"

在遭遇挫折或陷入困境之时，你是任由悲观的情绪淹没自己，从而收获一个令人失望的结果，还是一鼓作气继续前行，从而扭转命运，这完全取决于你自己。在这个世界上，很少有绝望的处境，只有对处境感到绝望的人。要改变处境，必须先改变心境。

在经济萧条的大背景下，某个行业召开了一次业绩检讨会。当时，这个行业所受的打击尤其大，因此会议一开始，各厂商的士气都很低落。

第一天的会议主题是讨论该行业的现况。许多同行表示，不得不裁掉一些员工才能维持企业的生存。结果会后每个人都比会前还要灰心。

第二天讨论该行业的未来，主题围绕着日后左右其发展的因素。议程结束时，沮丧的气氛又深一层，人人都认为前景会更糟。

第三天，大家决定换个角度，着重于积极主动的做法，比如，该如何应对？有何策略与计划？如何主动出击？于是，这一天

心态的力量

上午开会商讨加强管理与降低成本，下午则筹划如何开拓市场，会后大家的情绪十分高涨，很多厂商饱含热情一鼓作气地投入到工作中。

外在的境况没有变，为什么人的心态却发生了如此大的变化？其实道理很简单：当你任由消极悲观的情绪影响自己时，你的思考方式和方向也将是消极悲观的，因为你看不到状况有任何改善的可能；而当你转向积极的一面时，希望之火就会被点燃，你的行动将更有力。心态积极的人很少会花费时间沉浸在失败中，更不会自怨自艾，他们总是忙着不停地努力让局面变得更好。

奥里森·马登被认为是美国成功学的奠基人和最伟大的成功励志导师、成功学之父，他的一生历尽坎坷。马登年轻的时候，曾经在芝加哥创办了一份指引人们如何成功的杂志。草创初期，他没有足够的资金创办这份杂志，所以只好和印刷厂合作。后来这本杂志在市场上十分受欢迎，畅销数百万册。

然而，他却没有注意到他的成功对其他出版社已造成威胁。在他完全不知情的状况下，一家出版社买走了他合伙人的股份，并获得了这份杂志的出版权。当时，他感到非常耻辱，辞去了那份他充满兴趣的工作。

这次挫折对马登的打击很大，但他并没有因此消极悲观。他冷静分析了失败的原因，认为是自己忽略了和人融洽相处并真诚合作这一点。比如，他常因为一些出版方面的小事和合伙人争吵；当机会出现在他面前时，他并没有及时抓住。有时他比较自私、自负，他认为自己应该对这次失败负责任，而且他在业务上不够精通，与人说话的语气太过强硬，这都是造成他失败的原因。

马登从这次失败中找到了获得成功的种子，使他的事业得以重新萌芽、茁壮成长。后来，他离开芝加哥前往纽约，在那里他又创办了一份杂志。不到一年的时间，这份杂志的发行量，就比之前那份杂志多了两倍多。其中一项获利来源，是他所想出来的一系列函授课程，这也成为他创刊号的杂志里成功学主题所刊载的篇目。

当马登离开芝加哥时，他曾经一度处在彷徨的状态，但他在最短的时间内摆脱了失败的阴影，通过自省，他恢复了积极的心态，在失败中找到了获得成功的方法，终于实现了他的梦想。

当我们不停地挖掘，就能移平一座山；当我们在面对困难时能不停地探索，也许就会获得成功。有一个年轻人，仅仅通过一台电脑，利用网络平台，日复一日、年复一年不断地开发产品、提升质量、发布信息，竟激活了制造粉笔这样一个在人们眼中所谓的"夕阳产业"，而且最终把这个"夕阳产业"经营得如日中天。他的成功没有别的秘诀，就在于他坚持不懈、一鼓作气朝着目标不断努力。

心态的力量

刘大锋是湖北应城市刘垸村的一个普通小伙子，父母都是农民，靠做粉笔来维持生计，还要供刘大锋三兄妹读书，一家人日子过得很清苦。刘垸村拥有十分丰富的纤维石膏资源，从20世纪50年代起，村里就开始制造粉笔，全村人几乎都是以做粉笔为生。然而随着油性笔教学的普及，制造粉笔渐渐成了"夕阳产业"，许多粉笔作坊都关了门，人们不得不另谋出路。

看着兴旺几十年的传统产业日渐衰退，刘大锋有一种说不出的心酸。2006年大学毕业后，刘大锋怀着满腔热情回到家里和父母一起做粉笔生意，可是那点仅存的订单甚至还不够他的父母两个人加工。无奈之下，刘大锋来到广东的一家互联网公司里找了份工作，待遇十分优厚。正当父母为他高兴时，刘大锋却从单位辞职，捧着一台旧电脑回到了家里。

原来，刘大锋在工作中发现了网络这个平台的巨大潜能，那种信息的传达速度和范围是人工无法做到的。刘大锋回来后，先是说服父母低价收购了村里另外几家已经停业的作坊，然后进行整合规划，并且注册了刘垸粉笔有限责任公司，亲任总经理。

刘大锋从产品质量入手，提高了生产工艺，并且更新包装，使之变得更加精美和高档。与此同时，刘大锋在网络上广泛发布信息，不仅在各个商业网站，就连一些文学网站也不肯放过；他不仅在国内的网站宣传，还在国外的各大网站开设博客和主页。刚开始做的时候，刘大锋因为对电子商务知识不熟悉，操作起来很吃力，他就靠着自己每天一点一滴地学习积累，摸着石头过河。刘大锋没日没夜地坐在电脑前工作，自己也无法统计究竟登录过多少个网站，发布过多少则信息。

网络宣传当然不会一两天就见效。一开始，网上询价的人倒是有几个，可是下单的却一个都没有，刘大锋的努力遭到了怀疑，很多村民都嘲笑刘大锋脑瓜有问题，说他是"疯子"，不务正业。

但功夫不负有心人。终于，在进行网络宣传的两个月后，刘大锋接到了他的第一笔订单，价值十多万元，对粉笔生意来说，这样数额的订单算是非常大的了。刘大锋的父母吃惊得半天回不过神来，十多万元，那是他们在经营作坊的时候想也不敢想的数字！可刘大锋却笑笑说："这是小意思，后面的订单一定会更大。"

刘大锋在完成这笔交易后，并没有急着把赚来的钱存起来，而是进行了新的投资：更换设备，新造厂房，招聘员工，成立科研队伍，并且在原书写型粉笔的基础上，开发出智能玩具型、知识运用型、灭虫杀菌型、玩具卡通型、竞技运动型五大类共300多种规格的粉笔。刘大锋在把新产品推向市场的同时，还请了五名大学生，成立了一个临时"网络公关组"，再一次把广告的网撒向了国内外各个网站和论坛。

刘大锋的刘垯粉笔知名度越来越大。不到两年时间，订单

心态的力量

像雪花一般从世界各地飞落到他的办公桌上。刘大锋的刘垸粉笔公司一年生产 10 多亿支粉笔，产品不仅在国内市场上站稳了脚跟，而且还远销到美、英、意、德等 200 多个国家和地区。刘大锋的创业事迹一时在商界被传为美谈。

可见，以坚定的信念在奋斗的路上不松懈，愿意把全部的热情、精力和智慧都倾注在事业中，"一切皆有可能"就不会是一句虚幻的空话，而是你辉煌人生的坚实注脚。

坚持不懈守护希望之光

有的人眼界开阔，而且非常有才气，但是唯独缺少一种精神，那就是坚持不懈。事实证明，坚持不懈，甚至有时只要多坚持一分钟，就能获得不一样的结果。

比如，有些人在工作上，频繁跳槽；有些人把在困苦中的摸索前进视为痛苦。种种这些，都是不能坚持到底的表现，都是取得成功的阻力。

纵观古今，成大事者身上最可贵的品质之一就是坚持不懈。这些人在前进的路上也会有感到疲倦的时候，但是他们总想着要坚持到底，再坚持一分钟或许就能渡过难关。事实也是这样，不坚持、不忍耐，怎么能够战胜困难呢？生活中很多人做事时做不到坚持不懈，所以才会被困难阻挡在成功的大门之外。

做事坚持不懈、秉性坚韧，是成大事者、立大业者的特征。天下没有不劳而获的果实，如果能在困难和失败面前，不轻言放弃，坚持不懈，就能使人更上一层楼。做任何事，只要放弃了，就没有成功的机会；而不放弃，就一直会拥有成功的希望。

心态的力量

懂得坚持的人大都具有坚韧的品格。

有一位外国女人被抢劫犯在她的头部击了五枪，她竟然还能继续活下去，医生把她的康复归功于求生的希望。她自己也说："希望和积极的求生意念是我活下去的两大支柱。"很多医学专家也认为，许多癌症患者在面临死神的威胁时，由于有强烈的求生意念，有些人竟然活了许多年。可见，坚持到底，永不放弃，就有可能出现奇迹。

希望使人增强了对各种挫折的心理承受能力。经历过挫折打击而能心平气和地坚持下来的人都有一种切身体验：人之所以能够忍耐，是因为对未来充满了希望。

从这个意义上说，成大事者在对人生充满希望的同时，也表现了他们积极乐观的人生态度。凡是有理想、有追求的人，都没有理由将自己肥沃的希望之田荒芜，都没有理由让自己的灵魂苍白地活在凄凉的土地上。

有这样一则故事很能说明正确的人生态度对人的益处。

一个人同一位准备远航的水手交谈，他问："你父亲是怎么死的？"

"出海捕鱼时遇着风暴，死在了海上。"

"你祖父呢？"

"也死在海上。"

"那么，你还去航海，不怕死在海上吗？"

水手问："你父亲死在哪里？"

"死在床上。"

"你的祖父呢？"

"也死在床上。"

"那么，你每天睡在床上不害怕吗？"

这个故事很幽默，却含有深刻的人生哲理，言简意赅地反映出了水手明知祖父、父亲都死在海上，却没有因亲人在海上遇到的危险而改变自己的奋斗目标，仍然乐观地从事自己喜欢的事业。

当困难降临在你头上，你是勇敢地迎接挑战，还是知难而退，落荒逃走？是坚持不懈，还是半途而废？人生只有一次，对事情多抱有希望，并努力将希望的事变为现实，才不算辜负这只有一次的人生。

世界不会为你改变，
改变自我才能适应世界

美国钢铁大王卡耐基说："一个对自己的内心有完全支配能力的人，对他自己有权获得的任何其他东西也会有支配能力。"世界不会因为某个人而改变，我们只能改变自己，积极乐观地适应这个世界。

有这样一个故事：一个星期六的早晨，一个牧师正在为第二天的讲道伤脑筋，他一时找不到好的题目。他的太太出去买东西了，外面下着雨，6岁的小儿子偏偏又缠着他要这要那，弄得他更加烦躁。后来他随手拿起一本旧杂志，翻一翻，看到一幅色彩艳丽的图画，那是一张两页相拼在一起的世界地图。他把这两页撕下来，并把它们撕成碎片，丢到客厅地板上，对儿子说："来，我们玩个游戏。你把它拼起来，我就给你讲个故事。"儿子高兴地答应了。

牧师心想儿子至少要忙上半天，自己总算可以清静一会儿了。谁知不到10分钟，他的书房就响起了敲门声，儿子说自己已经拼好地图。牧师大吃一惊，不相信他居然这么快就拼好了。

牧师赶忙去看，果然，每一片纸都整整齐齐地排在一起，整张地图又恢复了原状。

"怎么这么快？"牧师不解地问。

"噢，"儿子得意地说，"很简单呀！这张地图的背面有一个人的图画。我先把一张纸放在下面，把人的图画放在上面拼起来，再放一张纸在拼好的图上面，然后翻过来就好了。我想，如果人的图画拼得对，地图也该拼得对。"

牧师忍不住笑起来，给了儿子一个亲吻，说："你把我明天要讲道的题目也说出来了。"他说，"如果一个人是对的，他的世界也是对的。"

是的，人生就是这样：如果我们的想法是积极的，那么我们的世界也是光明的。心态决定了你所见到的这个世界的样子。所以，如果你不满意自己的状况，力求改变，那么首先应该改变自己，而不是要求周围的人、事、环境发生改变，记住，世界不会为你而改变，你只有改变自己适应世界。

历史上那些卓有成就的人，即便在挫折和困境中也保持着改变自我的心态。在这方面，美国前总统富兰克林·罗斯福堪称典范。

富兰克林·罗斯福小时候懦弱胆小，脸上总显露着一种惊惧的表情。如果在课堂上被老师叫起来背诵课文，他便会双腿发抖，嘴唇颤抖不已，回答得含糊不清。而且，他长得也不好看，有一口龅牙。

心态的力量

但罗斯福没有因此而自伤自怜，而是试图改变自己。他并没有因为大家对他的嘲笑而失去勇气。他用坚强的意志，使自己克服了胆怯。

罗斯福看见别的强壮的孩子玩游戏、游泳、骑马，参加各种体育活动，他也强迫自己去进行类似的活动。他以刚毅的态度应对困难，慢慢地，他变得勇敢起来、合群起来。

由于坚持锻炼，他身体健壮、富有活力。他利用假期在亚利桑那追赶牛群，在落基山猎熊，在非洲打狮子。人们简直无法想象，他就是当年那个懦弱胆小的小孩。他不因自己的"缺陷"而气馁，不要求别人，只是改变自己。

自强不息、改变自我的奋斗精神，使罗斯福终于成为一个深受人民爱戴的总统。

罗斯福使自己成功的方式非常简单，然而却又非常有效，那就是：改变自我，激励自我，努力奋斗，直到成功的日子到来。

有勇气改变自我的人在遇到困难时，不会恐惧、慌张。他们有积极的人生观，懂得寻找解决问题的线索。

有位业务员去拜访某公司，但他运气似乎不太好，被挡在门外，他只好把名片交给秘书，希望能和董事长见面。秘书见他十分诚恳，便帮他把名片交给董事长。不出所料，董事长不耐烦地把名片丢回来。秘书只得把名片还给站在门外的业务员，业务员不以为然地又把名片递给秘书，说："没关系，我下次再来拜访，所以还是请董事长留下名片。"

拗不过业务员的坚持，秘书只好硬着头皮，再次走进办公室。没想到董事长发火了，将名片一撕两半，丢给秘书。秘书不知所措地愣在当场，董事长更生气了，从口袋里拿出10块钱，说："10块钱买他一张名片，够了吧！"

不料当秘书把撕碎的名片和钱递还给业务员后，业务员很开心地高声说："请您跟董事长说，10块钱可以买两张我的名片，我还欠他一张。"他随即又掏出一张名片交给秘书。突然，办公室里传来一阵大笑，董事长走了出来说："不跟这样的业务员谈生意，我还找谁谈？"

遭遇窘境或者身处逆境是我们有时无法避免的局面，但心态决定了行为，只要不绝望、不放弃，即使在黑暗中也能找出一条路来。因此，要想收获成功，首先就要为自己播下改变自我的"种子"，拔去盲目自大、要求他人改变的"野草"，并精心培育，使"种子"茁壮成长。

著名培训大师马修·史维，在其创立事业早期曾经很落魄，他经常因为交不上房租被房东赶出去，也曾一度没有朋友，没有钱，甚至为了买块面包充饥而捡东西卖，换些零钱。然而有一天，他告诉自己："我受够了，我再也不要过这样的生活。假如我能拥有一切我所想要的东西，那会是什么样子呢？"于是，他坐下来，把理想中的一天写了下来，包括生活中和工作

心态的力量

中的所有细节，比如早起后到湖边跑步、工作，利用业余时间学习演讲等。

马修·史维虽为自己的人生创作了一幅理想中的画面，但他当时毫无希望与前景，只有一大堆的问题，然而十年之后，他却将自己理想中的一天变成了现实。

当马修·史维有了改变自我的想法时，这种想法就推动着他积极行动，直至找到实现梦想的有效途径，从而使梦想变成现实。

奥地利有一个十多岁的穷小子，自小身体非常瘦弱，但他却立志长大后要做美国总统。如何才能实现这样宏伟的抱负呢？年纪轻轻的他，经过几天几夜的思索，描绘出了自己的人生蓝图，其中包括这样一系列的目标：

想做美国总统，首先要做美国某一州的州长；要竞选州长，必须有雄厚的财团支持；要获得财团的支持，就一定得融入财团；要融入财团，最好娶一位豪门千金；要娶豪门千金，就必须成为名人；成为名人的快速方法，就是做电影明星；做电影明星前，得练好身体，拥有一个好形象。

按照这样的思路，他开始一步步努力。他相信练健美是强身健体的好点子，因而萌生了练健美的想法。他开始刻苦而持之以恒地练习健美，渴望成为世界上最结实、最有魅力的男子汉。他抱着一种信念：只要你付出足够的努力，就没有你办不到的事。别的选手都不愿与他同时训练，因为他惊人的训练量令他们感到敬畏。有一次他甚至因为太过剧烈的运动而晕倒和呕吐。

三年后，借着发达的肌肉和雕塑般的完美曲线，他成为"健美先生"。他前后共获得过一届"国际先生"、五届"环球先生"(世界健美冠军)与七届"奥林匹亚先生"的荣誉。

从健美界退役后，他开始写健身书，每一本书都畅销一时。在22岁时，他进入了电影圈。他在好莱坞一系列科幻动作影片中获得了极大成功，成为世界影迷心目中的英雄偶像。

当他的电影事业如日中天时，女友的家庭也在他们相恋九年后，终于接纳了这位"黑脸庄稼人"。他的女友就是赫赫有名的肯尼迪的侄女。

他不只是一个四肢发达的人，还有着精明的经济头脑，拿过商业和国际经济双学士学位。他对拿破仑·希尔博士创立的"创富心理学"有相当深刻的研究，自己的投资也多次涉及各种相关领域。在他成为电影巨星之前，他已经是一个亿万富翁了。

2003年，57岁的他退出了影坛，转而从政，竞选加州州长。面对随着竞选而来的明枪暗箭，他始终面带微笑或闪或避或推或让。有一次在加州州立大学，反对者投掷的鸡蛋打在他的西服上，但他却头也不回，顺手就把白色的西装脱了下来，交给助手去打理，自己则始终面带笑容，走向主席台，发表了15分钟的演说。事后，他还笑称这是他"新鲜发言"的一部分，说

心态的力量

投掷者还欠他一块熏肉，如果当时有熏肉，他会蘸了肩上的鸡蛋，一口吃下去。后来，他成为美国加州的州长。

他就是阿诺德·施瓦辛格，他是"健美先生"，是电影巨星，是政坛风云人物。在人生的不同阶段，他在不同领域都取得了巨大的成就。施瓦辛格说："比起'健美先生时代'，现在的我已经是完全不同的施瓦辛格了，我们每个人都要经历不同的阶段。人在各个阶段会改变很多，逐渐成熟，逐渐长大。当你4岁时，你在玩玩具卡车。当你14岁时，你想出去玩橄榄球。但是当你24岁时，你想到了创立自己的事业。对我而言，生命的意义不仅仅是简单地生存，还在于进步、前进、发展、有成就和征服世界。"

施瓦辛格从一名运动员、演员，到成为美国加州的州长，他的经历让人们记住了这样一句话：思想有多远，路就有多远。

相信自己，才能无所畏惧

自信是取得成功的先决条件，一个人只有先肯定自己，相信自己能取得成功，才会不遗余力地去努力奋斗。很多信心很强但能力平平的人所取得的成就，常常比具有卓越才能但自信心不足的人所取得的成就要大得多。

自信心不足的人，总是自我评价过低，爱贬低自己，在和别人打交道时，常常盲目听从他人意见，缺少主见，很难取得成就。

有一位公司的部门经理，每次召开会议时总是蹑手蹑脚地走进会议室，就好像自己是一个无足轻重的人，完全不能胜任经理这个职位。他经常感到奇怪，为什么自己在公司里说话没有一点分量？为什么自己在部门下属的眼中威信这么低？为什么自己不能得到同事们的尊重？其实，这位部门经理没有意识到，他缺乏一种坚定的信念，无形中给自己贴上了"无能"的标签。

所以，要想赢得别人的信任和尊重，首先就要做到自信和

心态的力量

自尊。有的人内心缺乏足够的力量，习惯于向外界妥协，他们虽然有信念，但信念并不坚定。特别是当他们的意见或观念遭到权威人物反对时，他们就会退缩，缄口不言，迟疑着不再采取行动。最终勇气消失殆尽，一次一次与机会擦肩而过。

作家亨利·比奇曾讲过一个他小时候的故事：

有一天，老师让他站起来背诵一篇课文。当他背到某个地方时，老师冷漠地打断他："不对！"

他犹豫了一下，又从头开始背起，当背到相同的地方时，又是一声斩钉截铁的"不对"打断了他背书。这回老师干脆说道："下一个！"

亨利·比奇只好坐了下来，觉得莫名其妙。

第二个同学背诵时也被老师打断了，但他继续往下背，直到背完为止。当他坐下时，得到的老师评语是"非常好"。

"为什么？"亨利站起来提出抗议，"我背得和他一样，您却说'不对'？"

"你为什么不说'对'并且坚持往下背呢？仅仅会背课文是不够的，你必须深信你是正确的。否则你太容易受人影响。即使全世界都说'不'，你认为正确时要做的就是说'是'，并证明给人看。"

在别人都说"不"的时候说"是"，说起来容易，做起来却需要巨大的勇气。大多数人缺乏坚定的信念和意志，从而轻易改变自己。世界上敢于特立独行的人少之又少，很多人做事时会顾忌这顾忌那。因此，那些想法卓尔不群、不为大多数人意见所左右的人则成为少数的成功者。

有一家大公司要招聘一位市场人员，优厚的待遇吸引了不少应聘者。经过竞争激烈的笔试和面试，最后只有三个人进入了面试。

第一位应聘者发现面试官中有集团公司的总经理。这位老总在商场中叱咤风云，以果断和善辩著称。应聘者一见老总亲自面试，不免心慌意乱起来。老总的问题尖锐而带有挑衅，应聘者根本不敢正面驳斥，只能竭力自圆其说。不到半个小时，他就被老总问得毫无招架之力了。

老总笑着对他说："你可以出去了。"

第二位也是如此，一开始就被老总的气势压住了，他的真实水平根本发挥不出来。

很快轮到了第三位应聘者。他看到这位老总，毫无惧色，仿佛面前的老总在他眼里只是一位平常的招聘人员，他大大方方地对老总说："你好！"老总仍是用威严的目光扫了他一眼，提了许多问题，应聘者侃侃而谈，条理分明。

突然，老总提出一个涉及个人隐私且十分深入的问题。应聘者一听，不禁有些气恼，但很快平静而有礼貌地表示拒绝回答。老总坚持自己的问题，两人便争论起来。

心态的力量

争论一段时间后，老总的话音突然戛然而止，笑着说："不错，有胆量，回去等着我们公司的最后通知吧。"

第三位应聘者依然平静地走出面试室，想起刚才和老总争辩的场面，估计自己不会被录用了。但结局却出乎他的意料：他被录用了，而且得到老总的大加赞赏。后来，老总对他说："一个对自己的能力抱有坚定的信念、敢于向权威说'不'的人，自信就是他的通行证。"

人只有相信自己，才能让别人相信你。如果你期望自己能成功，如果你想要干一番事业，如果你对自己的工作有更大的抱负，那么，相信自己，你会从那些缺乏自信的人中脱颖而出。

古今中外很多成功的人，皆是自信心十分强的人。诗仙李白说"天生我材必有用"；苏联著名作家索洛维契克说"一个人只要有自信，那他就能成为他希望成为的那样的人"。可见，当一个人已经具备一定实力的时候，只要有足够的自信，就很可能获得成功。

玛丽·玫琳凯是一位成功的女性，她是著名的玫琳凯化妆品公司的缔造者和荣誉董事长，我们来听听她是怎么说的：

"我明白，真正成功的人都是因为他们的自信、目标和能力而显得与众不同。我是从磨炼中懂得这个道理的。我七岁那年，爸爸从疗养院回来，虽然经过两年的治疗，他的肺结核已经得到了控制，但并未完全治愈。在我的童年时代，他一直就是个身体虚弱、需要照料与爱护的病人。每当我放学回家，就得先清扫屋子，再做自己的功课。但是我接受了这一切，并且感到乐在其中。尽管某些任务对于一个孩子来说是勉为其难的，但并没有人来告诉我这一点。所以，我还是照干不误。我相信，我的母亲知道，有时候我干的活似乎很有挑战性。因为，每当她指导我干这干那时，总要加上一句：'亲爱的，你做得到。'"

现今，"你做得到"也是玫琳凯化妆品公司的座右铭。"你做得到"虽然只是简单的一句话，却显示出满满的自信。人类正是坚信自己"能做得到"，人类社会才能有日新月异的发展，历史上才有"江山代有才人出，各领风骚数百年"的现象。

成功是上天专门给有实力、有自信的人的"赏赐"，一个人不管才干大小、天资高低，拥有自信是取得成功的前提。

汤姆·邓普西是一位杰出的橄榄球选手，但也是一个不幸的人。因为他刚出生的时候，只有半只脚和一只畸形的右手。但邓普西从来没有因为自己的残疾而感到不安，从小到大，别的男孩能做的事他相信自己也能做，如果童子军团行军10里，邓普西也同样走完10里；后来他玩橄榄球，他能把球踢得比任何一个在一起玩的男孩子还远。

当他申请参加橄榄球队时，有教练婉转地告诉他，说他"不具有做职业橄榄球员的条件"，劝他去试试其他的行业。但他仍不停地申请，强大的信念鼓舞自己，他全身心投入到训练中。

心态的力量

终于有一支职业球队愿意接收他，训练时他比任何人都更刻苦，他相信自己一定会成功。在一场关键的冠军决赛中，时间只剩下几秒钟，球队还落后对方2分，教练果断地把邓普西换上了场。最后一刻，球传到邓普西那里，他用尽全力，这一脚球创下了新的纪录。球在球门横杆之上几英寸的地方越过，得了3分，结果球队以18比17获胜。邓普西创造了奇迹。

卡耐基曾说："我们所急需的人才，不是那些有多么高贵的血统或者有多高学历的人，而是那些有着钢铁般坚定意志、勇于向工作中的'不可能'挑战的人。"

生活中难免会面临"不可能的事"，但坚定地相信自己，不达目的誓不罢休，往往会出现出人意料的局面。

英国维珍品牌创始人理查德·布兰森15岁时就创办了一本名为《学生》的杂志。他干了许多在别人看来"不可能"完成的事。比如，他邀请到了摇滚音乐巨人约翰·列侬做专栏作家；还邀请到了法国哲学大师让·保罗·萨特为他撰稿，而这两位大概是当时世界上最高傲、最难打交道的人了。他甚至还拉到了一单可口可乐投放的广告。布兰森的努力和自信所得到的回报是：杂志月发行量达到了惊人的20万册。

苹果公司也是不断突破"不可能"的限制，制造出一系列让世人惊叹的产品。当然，这种挑战很大程度上要归功于乔布斯对工作的自信和负责。前苹果公司设计师雷赖利说："苹果是世界上最精于设计的公司，这都是因为史蒂夫·乔布斯。"

1981年，乔布斯准备制造一台让世人惊讶的电脑，他找来公司最优秀的员工，成立了麦金塔电脑小组。这个小组的成员有二十多人，个个精明强干，干劲十足。他们都像乔布斯一样，属于那种内心强大、特立独行的人。这些人的共同目标是，制造一台世界上最棒的电脑，这种殷切的渴望甚至超越了他们对金钱和职位的追求。结果不出所料，他们实现了当初的目标。

在"麦金塔电脑"面世后，苹果公司在曼哈顿开办了第一家专卖店，装修前，乔布斯竟要求将店面所用的意大利大理石送到苹果公司总部，让他亲自检查大理石的纹理。

乔布斯说："一个屏幕的按钮我们都要设计得完美无缺，让人看到后想要吻它一口。"确实，苹果电脑在意电源开关显示的亮度与颜色，在意电源线的设计，甚至连电脑内部线路的安排都要令人赏心悦目。细节上对于视觉与触感的关注，让苹果电脑产品在电脑市场上独树一帜。

乔布斯还在六个不同的服务器注册了邮箱并公之于众。他每天都要收到300多封有效邮件。一些全然陌生的网友，在邮件中与他大谈理想或者一些疯狂的设想，但这些陌生人的想法给了乔布斯不少启迪。许多好点子就是在这样的交流中产生的。有的公司在产品开发过程中，技术、设计等部门往往会以"做不到"为由而放弃。但苹果公司没有这个问题。作为一个铁腕

心态的力量

领导者和公司灵魂人物，乔布斯能将"做不到"变成"做得到"。在他的领导下，苹果的工程师总能做出一些超越自己能力的成果。乔布斯对"完美"的倡导和追求推动了许多产品技术方面的突破，把看似"不可能"完成的设计变成了现实。

生活中，有的人活了一辈子都没有展示出自己独特的风采，这是因为他们从来不敢试一试。他们内心缺乏自信的力量，因而态度就会发生变化。人有自信，不一定能成功；但没有自信，就一定不会成功。所以，想要获得成功，就信心满满地去奋斗吧！

专心致志方能成就大事

中国有句古话：精诚所至，金石为开。孟子有云："今夫弈之为数，小数也；不专心致志，则不得也。"

人一旦决定从事某项事业，就必须对所选择的事业有足够的信心，然后全身心地投入进去，不能三心二意、朝秦暮楚。否则，这种心态会将你奋斗的激情、接受挑战的勇气和斗志在做事过程中逐步消耗殆尽，也会将你的锐气一点一点磨蚀光。

缺乏专注是很多人的通病，捡了芝麻丢了西瓜的事情经常在一些人身上"重演"。保持专注是人在事业上取得成功的前提，做事只有全心全意地付出，毫不动摇地努力，才能把事情有效地向前推进，才能克服困难最终收获硕果。

金娜娇为京都龙衣凤裙集团公司总经理，该集团下辖 9 个实力雄厚的企业，总资产上亿元。她的成功便得益于专注的精神，同时她一次次抓住了机遇。

1991 年 9 月，金娜娇代表新街服装集团公司在上海举行了隆重的新闻发布会，在返回南昌的列车上，与同车厢乘客的闲

心态的力量

聊中，她无意间得知清朝末年一位员外的夫人有一身衣裙，分别用白色和天蓝色真丝缝制，白色上衣绣了100条大小不同、形态各异的金龙，长裙上绣了100只色彩绚烂、展翅欲飞的凤凰，被称为"龙衣凤裙"。金娜娇听后欣喜若狂，一打听得知那位"员外夫人"依然健在，那套龙衣凤裙仍被她珍藏在身边。虚心求教一番后，金娜娇得到了"员外夫人"的详细住址。

这个消息对一些人而言，或许只是茶余饭后的谈资，有谁会想到那件旧衣服还有多大的价值呢？知道那件"龙衣凤裙"的人肯定不少，但为什么只有金娜娇对此非常关注呢？因为她知行、懂行，她潜心研究，对服装有着渴求与专注。

金娜娇得到这条信息后马上改变返程的主意，马不停蹄地找到那位近百岁的"员外夫人"。作为时装方面的专家，当金娜娇看到那套色泽艳丽、精工绣制的龙衣凤裙时，她被惊呆了。她敏锐地感觉到这种款式的服装大有市场潜力。

于是，金娜娇毫不犹豫地以5万元的高价买下了这套稀世罕见的衣裙。回到厂里，她立即选取上等丝绸面料，聘请苏绣、湘绣工人，在那套龙衣凤裙的款式上融进现代时装的风韵，潜心研究，攻克难关，历时一年，设计试制了当代的"龙衣凤裙"。后来在广交会的时装展览会上，"龙衣凤裙"一炮打响，深受国内外客商的青睐。就这样，金娜娇的专心投入没有白费，她成功了。

金娜娇的故事说明，对于渴望成功的人而言，有敏锐的观察力很重要，但仅有一份观察力还不够，还要竭尽全力、心无旁骛地采取行动。这在某种程度上也是热爱事业的表现之一。

荀子在《劝学篇》里说："蟹八跪而二螯，非蛇鳝之穴无可寄托者，用心躁也。"意思是说，螃蟹有八条腿，两个蟹钳，但如果没有蛇、鳝的洞穴便无处安身，就是因为它心浮气躁。所以说，做事即便自身有实力也要全力以赴，不能心浮气躁，否则很难成事。

一面镜子，将光线持久地聚焦于一点，就可以引燃一根火柴，这就是全力以赴的力量。《列子·汤问》中记载，有个名叫詹何的人，用一根细细的蚕丝做钓线，用麦芒做鱼钩，用细竹做钓竿，以米粒为鱼饵，却能在深渊急流之中钓到一大车鱼。楚王听后深感好奇，就把他请来询问诀窍。詹何回答："当臣临河持竿，心无杂虑，唯鱼是念，投纶沉钩，手无轻重，物莫能乱。鱼见臣之物饵，犹沉埃聚沫，吞之不疑。"所以说，即便使用简陋的工具，只要人专注，小能发挥出超强的威力，有时，专注的力量可以创造出奇迹。

有一个人做了几十年的钢琴调音师。有一次，朋友看他调琴，感到很新奇，他调琴的方法跟别人不一样，不是用手拨动琴弦，然后用耳朵去辨认音级、音色，而是在拨动琴弦后，用鼻子去闻，以此便可判断出琴音是否准确。朋友问他，他是怎

心态的力量

样练就这种本领的。他说，刚开始的时候他也是用耳朵听，但每天都这样做，渐渐发现，自己的嗅觉也有了辨认音级、音色的能力，而且是在不知不觉中形成的。

由此可见，奇迹是在专注中产生的。专注力会使人对事情保持一如既往的专心致志。一个一丝不苟的人不管在什么样的岗位上都会专注工作，全力以赴。

老陈从部队退役以后，一直在一家工厂做仓库保管员，虽然工作不算繁重，无非就是按时关灯，关好门窗，注意防火防盗等，但老陈却做得非常认真。他不仅每天做好来往工作人员的提货日志，将货物有条不紊地排放整齐，还从不间断地对仓库的各个角落进行打扫清理。两年了，由于老陈的把关，仓库没有发生过一起失火失盗案件，其他工作人员每次提货也都能在最短的时间里找到所提的货物。在年底分红时，厂长按老员工的级别亲自为老陈颁发了1万元奖金。好多老员工不理解，老陈才来厂里两年，凭什么拿到和老员工一样的福利呢？

厂长似乎看出了大家的不满，于是说道："你们知道我这两年中检查过几次咱们厂的仓库吗？一次也没有！这不是说我工作没做到位，其实我一直很了解咱们厂的仓库管理情况。作为一名普通的仓库保管员，老陈能够做到两年如一日不出差错，而且积极配合其他同事的工作，对自己的岗位尽职尽责，他爱厂如家，他的努力，让我觉得这个奖他当之无愧！"

专注其实并不难，只要你肯认认真真、踏踏实实地做好每一件事，就一定能做出成绩来。俗话说，一分耕耘，一分收获。只有让自己的心真正沉下来，才能克服浮躁的情绪，专心致志地做事。

有时候，我们并不是不想集中注意力做事，只是环境容易让人分心，思绪容易被人搅乱。那么如何训练自己集中注意力呢？有下面几种方法：

一、不要对自己说"要专心"。如果你一直在告诉自己"要专心"，你的脑子就没有专心在你要做的事情上。

二、不要强迫自己不去想别的事情，如果你在想"不要去想某事"，往往脑子里想的全是某事，从而无法专心。

三、告诉自己"回到这来"，让其他的事情自然而然地消失。

这是一种很有效的方法，也许你发现自己每天要把这些话重复几百次，坚持一段时间后，你会发现你做事越来越专心了。

第二章
好心态助你创造奇迹

成事在"勤"，
做事要一步一个脚印

有人将人生比作一段旅程，路上难免有艰难曲折。其实很多事情，都不是轻而易举就能完成的，都需要付出辛勤的汗水，一步一个脚印地去采取行动。

勤奋，不光是指行动上，更是指精神上要勤奋。杜甫有诗云："高贵必从勤苦得，男儿须读五车书。"勤奋需要毅力作为支撑，使人逐步完成自己的目标。毕业于西点军校的艾森豪威尔将军是西点学员勤奋的典范。

艾森豪威尔毕业后曾在美国第一军团任参谋长。1941年，陆军参谋长马歇尔打算对参谋部做一些人事变动，希望陆军总司令克拉克给他举荐10名军官，他再从中挑选一人出任作战计划处副处长。克拉克回答说："我推荐的名单上只有一个人的名字，如果一定要10个人，我只有在此人的名字下面写上9个'同上'。"毫无疑问，这个人就是艾森豪威尔。

那么，艾森豪威尔为何能受到克拉克将军如此器重呢？原来，在作战处，艾森豪威尔不仅能力出众，而且十分勤奋，他

心态的力量

出色地完成了"欧洲战区总司令之指令",这成为他军事生涯的转折点。

鲁迅先生说过:"伟大的事业同辛勤的劳动是成正比例的,有一分劳动就有一分收获,日积月累,从少到多,奇迹就会出现。"

不可否认,一个人能否成才,环境、机遇、天赋、学识等因素固然重要,但更重要的是自身要勤奋。勤奋不是三天打鱼两天晒网,而是一种扎扎实实、脚踏实地的态度,想要取得一定的成就离不开勤奋地采取行动。

缺少勤奋,哪怕是雄鹰也只能空振羽翅望天长叹。而有了勤奋,哪怕是行动迟缓的蜗牛也能雄踞塔顶,观千山暮霭,渺万里层云。所以,从某种意义上讲,"成事在勤"这句话实不为过,因为只有坚定信念而勤奋拼搏的人才会获得成功。古今中外,许许多多有成就的人,正是因为勤奋,才从众多的人中脱颖而出,被载入史册。

南宋的思想家和教育家朱熹,从小就立志当孔子那样的人。在他读书时,一天上午,老师有事外出,没有上课,学生们高兴极了,纷纷跑到院子里的沙堆上玩游戏、打闹。一会儿,老师从外面回来了。他站在门口,望着这群天真活泼的孩子们"造反"的情景,摇摇头。猛然,他发现只有朱熹一个人没有参加孩子们的打闹,而是坐在沙堆旁,用手指聚精会神地画着什么。老师慢慢地走到朱熹身边,发现他正画着《易经》的八卦图。

从此，老师对他另眼相看。10 岁时，朱熹已经能够读懂《大学》《中庸》《论语》《孟子》等儒家典籍了。朱熹由于好学，最终成为博学的人。朱熹说："孟子曾说：人人都可以成为像尧舜那样的人。所以，成为圣人没有什么秘密，只要勤奋，人人都能够成为圣人！"

是的，勤奋能造就伟大的成功，勤勉耕耘也能结出丰硕的果实。司马迁从 42 岁时开始写《史记》，到 60 岁完成，历时 18 年。如果把他 20 岁后收集史料、实地采访等工作加在一起，这部《史记》花费了他整整 40 年的时间。现代数学家陈景润为了证明"哥德巴赫猜想"，日复一日、年复一年地沉浸在数学中，常常废寝忘食。法国当代作家福楼拜，他的窗口面对着塞纳河，由于他经常勤奋写作而通宵达旦，夜间航船的人们常把他家的灯光当作航标灯。而福楼拜的学生莫泊桑，从 20 岁开始写作，到 30 岁才写出第一篇短篇小说《羊脂球》，他的房间里，草稿纸有书桌那么高。

意大利文艺复兴时期，著名艺术家米开朗琪罗 73 岁的时候，躺在床上难以起身。教皇的特使来到他的床前，请他去绘制圣彼得堡教堂圆顶。他思量再三，终于同意了，但却提出了一个奇怪的条件：不要报酬。因为他觉得自己最多只能干几个月，如果运气足够好的话可以再干一两年。既然注定无法完成，也就不应该索取报酬了。

教皇同意了这个条件。于是，这位 70 多岁的老人起了床，

心态的力量

颤巍巍地来到教堂，徒手爬上了五层楼高的支架，仰着头创作，谁知，从此一发而不可收，他竟然越画干劲越足，体力越来越好。他作画期间，已经换过三任教皇，他足足画了16年，到他89岁的时候，终于完成了这项永载史册的艺术巨作。

最后走下支架的米开朗琪罗容光焕发，他兴奋极了，穿上厚重的骑士铠甲，手持长矛，骑上战马，到旷野中奔驰，欢呼自己的胜利，一年后，米开朗琪罗去世了。

米开朗琪罗创造了两个奇迹，一个是艺术史上的奇迹——圣彼得堡教堂圆顶壁画；一个是生命的奇迹，一个垂暮的老人不可思议地又活了16年，而且越活越精神。那么，是什么力量让米开朗琪罗创造了这两个奇迹呢？

答案很简单——勤奋。心无旁骛地勤奋工作让他始终如一地保持创造热情，完成了让人叹为观止的艺术巨作。

可见，不管什么样的事业，没有长期、持续的勤奋努力，就不会以量的积累产生质变，成功的事业也就无从谈起。有的人建功立业，有的人却碌碌无为，差别不过是有些人能够持之以恒地努力奋斗，仅此而已。

一位职业生涯规划大师曾说过这样一句话："正确地认识勤奋，勤勤恳恳努力去做，才是对自己负责的表现。"因此，不管你现在从事什么工作，只要你勤奋，终会在自己的岗位上取得一定的成绩。同样，勤奋，也会让你的生活越来越精彩。

陈春由于学历不高，刚到公司时只是做些端茶、跑腿的琐事。他深感电脑的重要性，下定决心要学好电脑。于是，这位只会用电脑玩游戏、看电影的"门外汉"开始埋头苦学一些电脑方面的技术。由于他英文不好，就把电脑上的指令抄在一个专门的笔记本上，以便向同事请教，一有空就摸出笔记本来背诵。同时，他还借了大量有关电脑方面的书籍和报纸杂志来看，从软件、硬件到程序的设计等，他一一学习，直到能够实际操作。后来，他对电脑方面的一些知识已非常精通。老板将他提升为总经理办公室秘书，掌管秘书室的几台电脑。

勤奋、肯干的员工，就像蜜蜂一样，采的花越多，酿的蜜也就越多，人生的甜美也会随之而来。

日本著名管理家松下幸之助，在当学徒的7年当中，在老板的教导下，刻苦学艺，渐渐养成了勤奋的习惯。然而正是因为这一习惯的养成，在他人视之为辛苦困难的工作，松下工作时却觉得很快乐。此后，他始终如一地勤奋努力，最终取得了不小的成就。

实干并且坚持下去是对勤奋的最好解释。石匠们一次次地挥舞铁锤，敲打石头，也许上千次的辛勤捶打都不会有什么结果，但最后的一击石头可能就会裂开。追求成功的人生也是一样，即便没有别人天分高，但持续的勤奋会在日积月累中弥补这个弱势。所以勤奋更像一个助推器，会把人推到机遇的面前。

用心做事，尽职尽责

有的人认为自己在工作中投入了很多，却没有得到期望的回报，于是心有不甘；有的人认为只要工作不出错，让干什么干什么，只要不被开除、不扣工资就行了；还有的人习惯"忙里偷闲"，比如上班时间做自己的私事等。这种对待工作的态度会让人养成拖延怠工的习惯，久而久之，人的进取心将被磨灭，离成功也会越来越远。

工作中尽职尽责是基本的职业操守，是做好本职工作的前提。

有一位成就斐然的年轻人，他是一家大酒店的老板。人们看不出他有什么特殊才能，直到他讲述了自己的传奇经历之后，人们才明白了事情的原委。

"几年前，我还是一家路边简陋旅店的临时员工，根本就没有什么前途可言。"他回忆道，"一个寒冷的冬天，已经很晚了，我正准备关门，进来一对上了年纪的夫妇。他们正在为找不到住处发愁。不巧的是，我们店里当时也客满了。看到他们又困又乏的样子，我很不忍心将他们拒之门外。而且，老板说了，不能拒绝客人的要求。于是我将自己的铺位让给了他们,自己在大厅里值班。第二天一早,他们坚持按价支付给我个人房费,我拒绝了。本来也就没有什么嘛!

"那对夫妇临走时对我说:'你有足够的能力当一家大酒店的老板。'但我一开始觉得这不过是一句客气话,没想到一年后,我收到了一封来自纽约的信,正是出自那对夫妇之手,里面还有一张前往纽约的机票。他们在信中告诉我,他们专门为我建了一座大酒店,邀请我去经营管理。而这个酒店,正是著名的希尔顿酒店。"

故事中年轻人的"运气"似乎太好了。但设想一下,如果那个年轻人当时因为客满而把那对夫妻打发走,结果会怎么样呢?也许他直到现在还在那个简陋的旅店里打工。

机遇无处不在,但往往会因为懈怠让你错失很多重要的机会,而你还浑然不觉。所以,不管你从事哪种职业,都要全力以赴地付出。踏实努力的人和投机取巧的人的区别就在于前者毫无保留地付出,后者总盘算怎样少干活多索取。生活中的很多奇妙之处就在于:越是不计较回报的人获得的东西越多,斤斤计较的人反而一无所获。

人要想取得成功,必须有所付出,也许很多投入无法立刻得到回报,但只要尽心尽力地履行职责,回报可能就会在不经意间以出人意料的方式出现。职责贯穿于每个人的一生,从我

心态的力量

们来到人世间，一直到我们离开这个世界，我们都要履行自己的职责和义务。

每个人都应具备持久而良好的职责观念。因为每一个追求卓越的人，都是在这种持久的职责观念的支撑下一步一步取得一定的成就的。没有持久的职责观念，人就可能会在逆境中倒下去，在各种各样的诱惑面前把握不住自己；而一旦真正具有了牢固而持久的职责观念，软弱的人也会变得坚强起来，在逆境中勇气倍增，在诱惑面前不为之所动。

尽职尽责，是对自己工作成果的尊重，是事业取得成功的基本保证。工作中每一项成果的取得都需要认认真真全身心地付出，每一个细节每一个环节都要做到位，忠于职守的人心中没有"敷衍"二字，对工作尽责，工作便会给你丰硕的回报。

认真对待你的工作

工作需要认真，如果一个人热爱自己所从事的工作，那么他就会把自己的全部激情投入到工作中去，从而实现自己的职业目标。

卓越的员工对工作中的每一个细节都会认真对待。知名主持人陈鲁豫之所以有今天的成就，离不开她对工作的热爱。她说自己工作起来就像是谈恋爱："我干事非常认真、努力。看我外表平静，其实我是一个内心很有激情的人。只要是我喜欢做的事情，我会不惜所有去做好，那种感觉就像谈恋爱一样，很幸福地投入和享受。"陈鲁豫去凤凰卫视工作的头几年，基本上每天只能睡三四个小时，长期睡眠不足。但正是陈鲁豫这种敬业的劲头，使她在行业内有了重要的地位。

可见，"认真"是职业道德的一种体现，同时也是一个人品行的反映。

夏雨应聘到一家橡胶公司化验室工作，试用期为3个月。到大多为女性职工的公司工作，因为缺乏实践经验，他就认真

心态的力量

地向这些女师傅请教，但几乎每一次都受到她们的讥讽。他上班2个月后公司改革，化验室要精减人员，夏雨由于业绩不佳要被辞退。还剩下5天的时间，夏雨本来可以和公司结清工资走人，但他决定在这最后的5天里，把工作认真地做完。直到最后一天的下午，他仍一丝不苟地工作，跟第一天上岗一样，把工作台洗擦得一尘不染，把自己曾经用过的烧杯和试管摆放得整整齐齐。经理把这一切都看在眼里，后来留下了他。经理在一次会上对员工们讲："夏雨能留下来是因为他工作认真！公司对于明天要离开而今天仍能认真地对待工作的员工是非常重视的。"

工作不分贵贱，但是对待工作的态度却有差别。要想知道一个人能不能把事情做好，通常要看他对待工作的态度。一个人的工作态度，与他本人的性情、修养、才能有着密切的关系。所以，了解一个人的工作态度，从某种程度上来说，也就了解了这个人。

有的人不把工作看成是开创事业、回报社会的途径，而只视其为保证衣食住行的工具，认为工作是生存的手段，是无可奈何、迫不得已的劳碌，这种观念是十分错误的。

齐辉在一家贸易公司干了一年，但他对自己的工作非常不满意，于是便愤愤地找朋友大吐苦水："我在公司里的工资是最低的，而且老板对我一点也不重视，如果再这样下去，早晚有一天我就要跟他拍桌子，辞职走人。"

他的朋友问他："你对你们公司的业务很熟悉吗？工作上的窍门完全弄懂了吗？"

齐辉回答说："没有！"

他的朋友说："我觉得你应该先静下心来，认认真真地对待工作，好好地把你们单位的一切贸易技巧、商业文书完全弄明白，甚至包括如何书写合同等具体事务都弄清楚了之后，再一走了之，这样做岂不是既出气，又学到了不少业务知识吗？"

听了朋友的建议，齐辉一改往日的散漫习惯，开始认认真真地工作起来，甚至下班之后，还留在办公室里对商业文书的写法进行研究。

一年之后，他的这位朋友又见到他时，问他："你现在大概从那家公司学到不少东西了，现在准备拍桌子不干了吧？"

齐辉摇摇头，说："我发现最近半年来，老板对我刮目相看，对我又是升职，又是加薪，说实话，我现在已经是公司的'大红人'了！"

他的朋友笑着说："这是我早就料到的！当初你的老板不重视你，是因为你工作不认真，又不精通业务；而后你痛下苦功，担当的任务多了，能力也加强了，老板自然也就重用你了。"

例子中的齐辉通过认真地工作体会到了什么才是正确的职业态度。人无论从事什么工作，无论面对的工作是轻松还是繁重，都应该认真负责，这是我们在职场中打拼的每个人都应重视的。

心态的力量

卓越的员工都知道，只有通过认真工作，才能锻炼自己的能力，才能不断地提高自己的业务水平，才能弥补自身能力的不足。相反，在工作中投机取巧或偷懒也许能让人获得一时的轻松，但从长远来看，不仅没有任何好处，而且对自己的职业发展也是非常不利的。

所以，工作中，一定要认真对待每一件事情，不管别人看得见还是看不见，也不管当前的工作重要还是不重要，都需要认真把工作做好，这比具有任何职场技巧都更重要，而且对于建立自己的职场地位也有决定性的作用。

高中毕业后，徐克只身来到城里找工作。他先后做过推销员、送货员等工作，但是，由于对这些工作不感兴趣，他在工作中没能取得什么成绩。一次偶然的机会，在以前同事的介绍下，他进了一家广告公司做起了文案策划。

对于这个工作机会，徐克很高兴，因为他一直想从事文字工作，如今愿望实现了，他觉得自己终于可以大展宏图了。

他新进公司，工资很低，也很辛苦，但徐克很知足，也很珍惜这个机会。为了能学到更多的专业知识，更好地锻炼自己，在公司里，凡事他都抢着做，就算做完了每天的工作，他也会再找些事情来做。有的客户只要一个策划方案，可是徐克每次都加班加点再做出一个备用方案来供人选择。这让客户非常意外，对他也更加满意。

有一次，国庆放长假，一位老客户急着要做一份策划，时间非常紧。可是老板打了好几个员工的电话要他们回来加班，都被员工找借口推辞掉了。无奈之下，老板只好拨通了刚刚加了三天班的徐克的电话。徐克接到电话后，二话不说，仅用一天一夜的时间便把策划书做好了。

客户拿到策划书满意地走后，老板把徐克叫进了办公室，塞给他一个红包，对他说："这次真的太辛苦你了，你知道吗？那是一个很重要的客户，我们能接到他们公司的活儿是很不容易的。这次我们给对方留下的印象很好，以后肯定会有更多的合作机会。所以，你给公司带来的不仅仅是一单生意。真的非常谢谢你！你是一个敬业的员工，这是你应得的奖励。"

事后没有多久，徐克就被正式提拔为策划部的负责人，拥有了宽敞明亮的独立办公室。

认真地对待工作是一种敬业精神和积极向上的人生态度，而兢兢业业做好本职工作是敬业精神最基本的体现。有人说，伟大的科学发现和重要的岗位，容易激发人的敬业精神；而对一些普普通通的工作，想敬业也敬业不起来。其实并非如此。在平凡的工作岗位上也能取得大成就，只要你有敬业精神，便能取得一定的成绩。

全球领先的人力资源管理咨询公司韩威特咨询有限公司，在对世界500强企业进行的最佳雇员调查中发现，雇主十分看

心态的力量

重员工敬业行为的三个方面：一是积极评价自己的企业，不断向同事、潜在同事尤其是向客户高度赞扬自己的企业；二是渴望留任，强烈希望留在企业；三是竭尽所能，付出额外的努力，并致力于那些能够促使公司获得发展的工作。

所以，人要将敬业视为一种美德，干一行爱一行，对工作尽心尽力，就能找到取得成功的途径。但如果一个人连起码的敬业精神都没有，又何谈宏伟蓝图、理想抱负呢？

掌握主动权，热情洋溢地工作

做事情心态很重要，你若当它是苦差事，便会感到痛苦；你若当它是人生中不可或缺的一部分，便会感到快乐。

有的人在谈到自己的工作时，使用的代名词通常都是"它"而不是"我的"，这是一种缺乏责任感的典型表现，这样的人通常没有端正态度，没有长远的发展眼光，也就失去了快乐工作的机会。

其实每个人都是在给自己工作，只有你愿意为自己的前程付出努力，往往能得到相应的回报。抱着一切都是为自己而做的想法去生活、去工作的人，不会感觉疲惫，更不会抱怨什么，因为他们通过自己的努力能使自己获得实实在在的成果，并且能乐在其中。这样的人对于责任不仅不会选择逃避，反而会主动去承担。

有位年事已高的僧人，仍旧毫不间断地天天早起工作，在晨曦中晾晒菜干。

一个小伙子问他：

心态的力量

"师父，您多大年纪了？"

"79 岁了。"

"那早该享享清福了，为什么还让自己这么累呢？"

"这是我的生活。"

"那也不一定非要晒着太阳干活啊。"

"小伙子，你把这些活儿当作工作，我把这当作我自己的生活。"

由此可见，如果我们能够正确看待生活中无论是琐碎还是繁重、艰巨的事，就会更加热爱生活，无往而不胜。

我们怎样定义自己，就会成为怎样的人。人不管处于生命中哪个阶段，都要做自己的主宰，掌控自己的行为。生活是由许多琐碎的小事构成的，而我们自身又有一些惰性。所以，每一个渴望成功的人，都应该积极主动地投入到生活和工作中，主动地享受工作的乐趣，而不是被动地认为是劳碌奔波。

一位哲人说，人只有让内心充满对生命、对生活的热爱时，才会好好经营自己的人生，才能思考如何让生活变得更加有意义。同时，享受快乐、享受喜悦、享受成功、享受生活中一切美好的东西，也能激发我们对生活的热爱。

巴尔扎克在创作《人间喜剧》时，经常通宵达旦写作，废寝忘食。他说："我总感觉有一股强大的力量支撑着我，让我的笔一直不停地写，我的头脑中思绪不断，想停止都不可能。

我不知道疲倦什么时候会到来，但当我完成一部作品的时候，我才感觉到生理上的疲倦，然而我再次创作的热情会将疲倦赶走。"

斯狄文大学毕业之后为了谋求生计，做了一名普通的银行职员，但工作两年之后，他发现自己总是心不在焉地对待这项工作，而且始终视其为一种谋生的手段。后来他越来越发现自己并不喜欢现在这个工作。他早年的梦想是做一名社区工作者，为社区广大居民排忧解难。想通后，他毅然决然地辞掉了银行的工作，选择投身于社区服务事业。果然，他在社区干得非常出色，充分发挥了自己的聪明才智。

由此可见，一个人要选择一项自己热爱的事业，并全身心地投入进去，即使从事最平庸的职业也能感受到工作的乐趣。

那么，该如何使自己对生活、对工作充满热情呢？

一、努力培养兴趣

工作中，首先要找到自己喜欢做的事。有时候，你可能会面临一些你不喜欢但又别无选择的人或事。这时，你就需要转变看法，从不喜欢到喜欢，而要实现这一转变就要多了解。通过了解，产生兴趣，而有了兴趣后，自然就有了工作的热情。

二、排除杂念

学会简单执着地追求一种东西，能够使自己蓄积更多精力，产生更大的热情。人的欲望是无限的，总希望美好的东西都属

心态的力量

于自己。当一个人有多种欲望时，他的心思会分散到各个方面，所以排除杂念，学会专注，对人对事的兴趣才能增强，也才能最大限度地发挥出自身的能力。

三、当觉得生活无聊、情绪低落时，要强迫自己变得热情

成熟豁达的人能找到自己的人生主动权。人有时具备多种情感和情绪，当消极情绪占上风时，你一定要强制自己排除它，让积极情绪占领"阵地"。有时候，你暂时无法对人对事产生热情，此时不妨努力地做出热情的行为。就像心情不好的时候遇到熟人，也要强装微笑和他们打招呼。此时你可能依然很难受，不过，热情的感染力会慢慢让你摆脱消极情绪的影响。

主动做事和被动做事所产生的结果是不一样的，人只有学会在工作和生活中掌握主动权，积极主动地去做事，才能感受到工作的乐趣，也才能在一方天地中做出成绩。

责任在肩，赢得荣誉

　　荣誉是西点军人的行为标志，他们通过取得成就赢得荣誉，在荣誉的鼓舞下取得更大的成就。在西点军校，要求学员有责任心，始终把荣誉和责任联系在一起。

　　西点军校新学员一入学，就要接受长达16个小时的"荣誉教育"。教育主要以具体事例来说明珍惜荣誉、争取荣誉、保持荣誉的重要性和方式方法，以及荣誉感对人一生的益处。在西点军校，教官要求每一位学员必须熟记所有的军阶、徽章、肩章、奖章的样式和区别，记住它们所代表的意义，同时还必须记住一些军用物资的定义、西点军校会议厅有多少盏灯以及校园蓄水池的蓄水量有多少升等。这样的训练和要求，会在无形中培养学员的荣誉感。西点军校还以不同的教育方式将"荣誉教育"系统地贯穿于学员四个学年的学习生活中，目的是让每一个学员都树立起坚定的信念：荣誉是西点学员的生命。

　　西点军校的"荣誉教育"目的是使学员具有荣誉感和责任感，让学员将荣誉感化作强烈的内在动力，帮助每个学员完成

心态的力量

学业，取得不俗的成就，并进而影响学员终生，使他们勇于承担责任，以荣誉为目标，不断地创造奇迹。

美国士兵马可尼讲过这样一个故事：

军校毕业后，马可尼在一艘驱逐舰上工作。他所在的那艘舰艇是三艘姐妹舰中的一艘。这三艘舰来自于同一份设计图纸，由同一家造船厂制造，被配备到了同一个战斗群。这三艘舰上人员的所在地也基本相同，船员们接受了同样的训练课程，并从同一个后勤系统中获得补给和维修服务。但是，经过一段时间后，三艘舰艇的表现却迥然不同。

其中一艘舰艇似乎永远都无法正常工作，它无法按照操作安排进行训练，在训练中表现也很差劲。船很脏，水手们的制服看上去皱巴巴的，整艘船弥漫着一种缺乏自信的气氛。第二艘刚好相反，从来没有发生过大的事故，在训练和检查中表现良好，每次任务都完成得非常圆满。船员们也都自信十足，斗志激昂。第三艘则表现平平，不好也不坏。

起点一样，人员素质也在同一起跑线上，三艘舰艇有着同样的设备、人员和操作流程，那么造成这三艘舰艇有不同表现的原因在哪里呢？马可尼后来得出的结论是：舰上的指挥官和船员们对"荣誉"的看法不一致。

表现最好的舰艇是由责任感很强的管理者领导的，而其他两艘却不是。表现最出色的舰艇指挥官具有的责任观念是：

无论发生什么问题，都要达到预期的目标。而表现不佳及表现一般的舰艇指挥官却认为是舰艇自身条件不足而导致了自己团队表现差，如"发动机出问题了""我们不能从供应中心及时得到需要的零件"等。可见，责任心的差异，使三艘舰艇的表现有了天壤之别。

在我们的工作中，荣誉感与责任心紧密相连。人们要把责任意识贯穿于生活、工作中的每一个细节。当勇于承担责任成为一种习惯、成为一个人的生活态度时，其身上也会产生追求荣誉的动力。

一位曾多次受到公司嘉奖的员工说："我因为责任心强而多次受到公司的表扬和鼓励，我很感谢公司对我的鼓励，其实勇于担当责任并不是一件困难的事，如果你把它当作一种习惯的话。"

可见，拥有责任心是一个人获得荣誉的前提。一个人只有知道了自己究竟想要什么，认清了自己要做的事情，并且认真地去做，才能获得一种内在的自觉、充实和安详，才能在生活中很好地把控自己，采取正确的行动，因而，也容易获得更多荣誉。

在美国华盛顿，有一个名叫卡尔洛斯的街头小贩。他出身贫寒，没念过多少书，长大后他在华盛顿市的法拉格特广场卖快餐。但在此后的二十年里，他兢兢业业，做好每一份食物，最终赢得了荣誉。

卡尔洛斯从不把卖快餐看成单纯的交易，他向每一位顾客

心态的力量

表示祝福；他记住了几百位老顾客的喜好，针对每一个人的口味来调整食物的味道，让每一位顾客对吃到嘴中的食物都备感亲切。他很欣赏自己的这份工作，常常会发自内心地说："我的顾客真的很喜欢我。"他的快餐中的卷饼甚至成了当地小吃的标志，是当地许多人每天必吃的食品。

人们光顾卡尔洛斯的快餐摊，不只是为了得到美味的食物，卡尔洛斯能与大家像朋友般地敞开心扉互诉衷肠。这位街头小贩的可贵之处，是把每一位顾客当成朋友，当成家人，尽自己所能，认真做好每一份食物。而他得到的回报，除了金钱，更多的是尊重与顾客的铭记。很多光顾过他食品摊的人出差或旅游在外，甚至在异国他乡，都会给他寄一张明信片来表示问候和关心。

2010年10月1日，这位受人爱戴和尊敬的小贩因心肌梗死猝死，去世时年仅42岁。卡尔洛斯的去世，引发了许多与他相识和不相识的人的哀思，连著名的《华盛顿邮报》也在头版刊登了他的讣闻和故事。人们纷纷自发地去他曾经摆过摊的法拉格特广场点起蜡烛，摆上鲜花寄托哀思。

工作本身是不分高贵与低贱的，即使是平凡的工作，只要负责任地去做，发自内心地尊重和关心他人，就会得到他人的尊重和爱戴，使工作变得更加有意义。

在中国，也有一个像卡尔洛斯那样以平凡的工作赢得世人尊敬的普通人，他就是四川省凉山彝族自治州木里藏族自治县马班邮路乡邮员——王顺友。

木里藏族自治县地处青藏高原南缘，横断山脉中段，境内到处是大山，全县面积13400多平方千米，人口只有12万多，许多地方至今都是无人区，交通极其不便。

20多年前，王顺友接替父亲，成为马班邮路乡邮员。1999年以前，王顺友跑两条线路，来回500多公里。后来，领导照顾他，只让他跑木里县城至保波乡这一条邮路。这条路来回有360多公里，牵着骡子跑一趟需要14天，其中有6天必须在荒无人烟的大山里过夜。为了克服一个人宿营的孤独和恐惧，王顺友学会了喝酒和自编自唱山歌。做乡邮员多年，王顺友每年投递报纸杂志4000多份，函件、包裹2000多件，却从来没有丢失过一件，投递准确率达100%。除了本职工作，他还利用工作之便帮群众做点好事，比如买种子、带盐巴等。

2001年8月，木里县连下了十几天大雨，出现了山体滑坡，县城至白碉的道路被洪水冲垮了。西昌学院的学生海旭燕永远忘不了王顺友给她送信的那个傍晚。当时，王顺友站在雨里，没穿雨衣，膝盖以下沾满了黄泥浆，旁边的骡子背上倒是蒙着雨布。他第一句话就是："你的大学录取通知书到了。"海旭燕接过干干净净的录取通知书，一刹那感动得说不出话来。她明白，王顺友并不是没穿雨衣，而是用雨衣盖邮包了。海旭燕请他进屋躲躲

心态的力量

雨，被王顺友谢绝了。

事后，王顺友说，他本来可以迟一点再送这一班邮件，但当他看到邮件中有一封录取通知书时，他坐不住了。上大学是山区孩子最崇高的愿望，这个孩子一定等得很着急，于是，他顶风冒雨赶了一天一夜的山路来到了海旭燕家。

王顺友文化程度不高，小学都没有念完，不会说什么豪言壮语，当他得到颁发的"感动中国"的荣誉时，他没有想到自己这个普通的乡邮递员会得到这样的至高荣誉。他经常说的一句话是：咱的企业不是一般的企业，是国家邮政，代表的是政府。二十多年来，他从不看轻自己的工作，始终坚守着乡邮递员这个基层的岗位。

就是这样一个普普通通的邮递员，感动了整个中国。中央电视台"感动中国"2005年度人物颁奖典礼上，王顺友的出场赢得了现场观众长久而热烈的掌声。

2005年，王顺友被邀请到万国邮联做演讲。他是万国邮联自1874年成立以来被邀请的第一个最基层、最普通的乡邮递员。他18分钟的演讲得到了各国代表的好评，许多人当场流下了感动的泪水。

人只有有了责任心，尽心尽责地去做事，才能像卡尔洛斯和王顺友一样赢得荣誉。人不论职位高低，不论收入多少，只要以百分之百的诚意和负责任的态度去工作，就可以取得一定的成绩，被人敬仰。

多一次尝试，多一分成功

人的一生难免会遭遇失败，陷入困境。事实上，我们越勇于尝试新做法、挑战新事物，就越有可能遇到困难。但如果我们因为害怕失败而犹豫不前、不敢去冒险尝试，就会停滞不前，并且失去活力与信心。这就如同刚学会走路或咿呀学语的小孩子，如果因害怕面对失败与挫折，便永远学不会走路和说话。

爱迪生当初为了找到最适合做灯丝的材料失败了1000多次，但在他眼里只是有1000多次不成功，他说："到现在我的收获还不错，起码我发现有1000多种材料不能做灯丝。"最后，6000多次实验的失败，促成了他最终的成功。

古时候，有位北方商人到南方买茶叶，当他历尽艰辛到达目的地时，当地的茶叶早已被其他商人抢购一空。眼看他就要空手而回，突然他心生一计，将当地用来盛茶叶的箩筐全部买下。当其他商人准备将所购的茶叶往回运时，才发现已无箩筐可买，无奈只得求助于这位北方商人。就这样，这位北方商人轻而易举地赚了一大笔钱，还省下了往北方运茶叶的运费，直

心态的力量

接将银子带回了家。

所以说，多一次尝试，就多一分成功。即便在困境之中，只要不放弃努力，多思考，多尝试，总会想到解决问题的办法，转悲为喜。

在美国亚拉巴马州某个小镇的公共广场上，矗立着一座高大的纪念碑。碑身正面有这样一行金色大字：深深感谢象鼻虫在繁荣经济方面所做的贡献。

事情是这样的：

1910 年，一场特大象鼻虫灾害狂潮般地席卷了亚拉巴马州的棉花田，虫子所到之处，棉花毁于一旦，棉农们欲哭无泪。

灾后，世世代代种棉花的亚拉巴马州人，认识到仅仅种棉花是不行的，于是，开始在棉花田里套种玉米、大豆、烟叶等农作物。尽管棉花田里还有象鼻虫，但已不足为患，少量的农药就可以消灭它们了。

棉花和其他农作物的长势都很好，收成表明，种多种农作物的经济效益比单纯种棉花要高 4 倍，亚拉巴马州的经济从此走上了繁荣之路。

后来亚拉巴马州的人们认为，此地经济的繁荣应该归功于那场象鼻虫灾害，于是决定在当初象鼻虫灾害的始发地建立一座纪念碑，借以纪念象鼻虫。

生活中，困难和机遇往往并存，只是有的人习惯性地只看到困难而看不到机遇。事实上，困境中的机遇往往能促使我们取得更大的成就，只要你敢于去尝试。

在伊朗的德黑兰皇宫，你可以欣赏到几乎是世界上最漂亮的马赛克建筑。那里的天花板和四壁看上去就像由颗颗璀璨夺目的钻石镶嵌而成。当你走近细看，才会惊讶地发现，这些流光溢彩的"钻石"其实就是普普通通的镜子的碎片。

当初这座宫殿的设计师们打算在墙面上镶嵌的并不是这些钻石般的小碎片，而是一面面硕大的镜子。但是，当第一批镜子从国外运抵工地后，人们惊恐地发现镜子被打碎了。当承运人沮丧地准备将这些破损的镜子丢到垃圾堆时，总设计师拦住了他，并命人将残破的镜片击成更小的碎片。一切准备就绪后，按照这位总设计师的构思，工人们将这些碎片镶嵌在墙壁和天花板上，于是碎片就成了美丽的"钻石"装饰品。

巴尔扎克曾说过："世界上的事情永远都不是绝对的，结果因人而异。不幸的遭遇对于强者而言是垫脚石，对于能干的人而言是一笔财富，对于弱者而言是万丈深渊。"所以，当生活中的镜子被打碎时，千万不要沮丧，更不要以为那是世界末日，应该像那位总设计师一样，学会在失败中寻找转机，即使是镜子碎了，也要想办法让它变成美丽的"钻石"。

困境是人生中的一个个插曲，但不是主旋律。困境中往往隐含着重大的转机，只要你不气馁，你会发现也许这正是新的开始。

心态的力量

生活中，每一个停靠的驿站，都会有一盏属于自己的灯，而你要做的就是用你的智慧找到这盏灯，努力让它更明亮。

人只有亲身体验到失败，才能领悟到通往成功的道路多么不好走。就像初学溜冰的人免不了多次摔跤，但正是靠不停地练习，才能掌握溜冰的技巧，最后平稳地滑行在冰场上。人唯有在拼搏的道路上才能"撞上"机遇，才能在一次次的失败中"晋级"，最终抵达成功的巅峰。

就拿"幸福"来说，每个人都会追求幸福的人生。谁也不甘心整日生活在痛苦和失望中，过枯燥乏味的生活。但想要获得幸福，就要自己去创造和寻找。人只有真的寻找了、创造了，幸福和快乐才会降临。

在日常生活中你可能会听到这样的话："这东西很好，可惜我买不起。"你为什么不选择一个积极的想法？你应该说："这东西很好，我早晚会买来的，我一定要得到它！"当你心中有了希望，有了目标时，你就会为此拼搏、奋斗，直到实现自己的愿望。

我们生活中有时会遭遇苦难，但不要消沉，要给自己信心。人生不可能一直一帆风顺，在无数次坎坷面前，强者会找到新的起点。

一位伟大的诗人写下了这样的名句："我是我命运的主人，我是掌握我灵魂的船长。"的确，我们是自己命运的主人，因为我们有力量控制自己的思想和行为。

人生路上，一切都得靠自己，我们能做的只有不断地努力，不断地尝试，找到属于自己的人生之路，多尝试一次就多一次成功的机会。

美国钢铁大王卡耐基说过："一个对自己的内心有完全支配能力的人，对他自己有权获得的任何东西也会有支配能力。"所以当我们以积极自信的心态去做事，并把自己看作成功者时，我们就离成功不远了。

不放弃尝试，不放弃进步，因为那就是获得成功前的积累，不久之后，也许就会产生质的飞跃。

第三章

不放纵自己，不苟且偷安

不放纵自己，戒掉拖延

　　每天清晨，当你被闹钟吵醒，一边想着自己所定的计划，一边又舍不得被窝里的温暖。虽然你不断地对自己说：该起床了，但又总是忍不住给自己寻找借口——再躺一会儿。于是，在忐忑不安之中，你又躺了 5 分钟，10 分钟……

　　拖延是有碍成功的一种恶习，我们很多人的身上都潜藏着这种恶习，只是我们并未意识到它的严重性，反而在别人指出时会找出各种理由为自己辩解。拖延会让人在不知不觉中养成懒惰的习惯，浪费宝贵的光阴，搁浅曾有的梦想和追求。拖延还会误事，不仅使人把应该做的事情延后，还可能会丧失机遇。

　　很多人的脑海里可能都有一个或数个早就应该付诸行动的想法。你的想法也许是每天写一篇文章，或许是坚持锻炼身体。但想法再好，没有一一落实也只是枉然。

　　在西点军校，不允许任何一个学员拖延，当军号声响起，每一个学员必须立即列队集合。因为他们清楚，一次拖延，可能延误一场战事，更可能因此而付出惨痛代价。所以，他们的口号是"决不拖延"。

心态的力量

在企业中，埃克森－美孚公司的每一位员工都知道自己的职责是什么，在上司交办工作的时候他们只有一句话："是的，我立刻去做！"当然，他们知道自己的这种回答意味着什么，那就是"决不拖延"。

要成为一个优秀的人、一个成功的人，如果不戒掉拖延这一恶习，就会让拖延腐蚀自己的意志，侵蚀努力的上进心，荒废有限的生命。为此，我们绝不能放纵自己，更不能苟且偷安。那么，我们应该怎么做呢？

一、立即行动

虽然，有很多人都不满意自己做事爱拖延的现状，却又不想去改变，于是每天都生活在纠结之中。人要根治拖延的毛病，首先要自律，要做的事就马上采取行动。因为任何借口都是多余的，都是拖延的表现。

有一艘海轮途中触礁，船体进水。乘客有的找救生圈，有的找自己的行李，但更多的人在发牢骚：有的责怪船长，说其驾驶技术太差；有的骂造船厂，说其生产伪劣产品。这时，一位乘客高声喊道："我们的命运不是掌控在我们的嘴上，而是掌控在我们的手上，快堵住漏洞！"经过众人的努力，漏洞被堵住了，海轮安全地驶向彼岸。

百怨不如一干，百说不如一做，光靠嘴皮子是没用的，只有行动起来，才能解决问题。

二、杜绝"不应该做的事"

人每天所拥有的时间是有限的，因而，不要让那些"不应该做的事"占用你宝贵的时间。对不应该做的事应当毫不留情地制止。要知道，"不应该做的事"不仅耗费精力，而且收效甚微。人最好将要做的事情根据重要性排序，然后集中精力先做重要的事，不必理会琐屑小事，时刻督促自己努力朝目标靠近。

三、树立自信心

人拥有的自信心非常重要。有自信就不怕困难，敢于挑战自己，没有自信，就会失去努力上进的勇气，慢慢地就觉得自己什么也干不好。

四、不要忽视细节，但也不要让细节困住手脚

成功是从做好许多小事累积起来的，做好小事你就能稳步前进。不要忽视细节，当然也不要让细节拖慢你前进的脚步。对待不同的事应采取不同的方法，实现效率最大化。

五、模仿别人的成功方法可以节省自己的时间

时间太宝贵了，无人能将它延长，你若能从成功者那里学到他们成功的技巧，就会节省奋斗的时间，去做更重要的事。

六、有效平衡时间，区分什么该干，什么不该干

成功者擅长区分什么该干，什么不该干。比如，经营管理者必须熟知经营知识，但某些具体技术可以不懂，就像加州理工学院的科学家及工程师，虽然对电脑电路知道得比乔布斯更多，但只有乔布斯知道如何有效地运用他所掌握的知识，并最终取得成功。

只为成功找方法，
不为失败找借口

只为成功找方法，不为失败找借口！是的，一个人在遇到问题和困难的时候，若能够主动去找方法解决，而不是找借口回避责任、找理由为失败辩解，他就会离成功越来越近。

美国列克公司总裁在一次员工大会上，讲了一个他的好友——网球教练彭皮尔给他讲的故事，其用意在于告诉每位员工拒绝借口的意义。故事是这样的：

有一次，有位学生向彭皮尔请假，因为他想随网球队到外地参加比赛。

彭皮尔问他："你是自愿，还是不得不去？"

"我真的没办法不去。"

"不去会有什么后果？"

"他们会把我从校队中开除。"

"你希望有这种结果吗？"

"不希望。"

"换句话说，你是为了待在校队所以要请假，可是缺了我的课，后果又如何呢？"

"我不知道。"

"仔细想一想，缺课的自然后果是什么？"

"你不会开除我吧？"

"那是社会后果。缺课会有什么自然后果？"

"我想大概是失去学习的机会。"

"不错，所以你必须两相权衡，做个决定。换了我，也会选择网球队——但请决不要说你是被迫这么选的。"

最后这个学生当然被允许参加了比赛，同时也受到了一次人生的教育——不找借口。因为心口一致的人更容易获得别人的信任和理解。

生活中，遇到问题的时候，是找借口还是积极面对，拥有积极与消极两种不同心态的人的表现会大不相同。习惯于消极被动的人，言语中就会寻找借口、推卸责任。我们以下面的语句为例，看看一个人遇到问题时的态度：

"我就这脾气。"仿佛是说：我注定改不了。

"他太气人了，欺人太甚！"意味着：责任不在我，是别人控制了我的情绪。

"我根本没时间去做。"就是说：外在的条件不允许。

"要是某人不那么较真就好了。"意思是：别人的行为会影响我的行为。

"你以为我愿意。"意思是：迫于环境或他人的原因。

心态的力量

"如果没堵车我也不会迟到。"意思是：错不在我，是遇到了不可抗力。

相反，不找借口的人，做事积极主动，他们的言语中会自然流露出对可能性的追求和对自我能力的自信与肯定。例如，他们常说：

"再试试看有没有其他办法。"就是说：即使希望再渺小也不会轻易放弃。

"我相信我可以选择不同的风格。"就是说：遇到问题时解决办法不止一种。

"我可以控制自己的情绪。"就是说：对自我控制能力很自信。

"请等一下，我可以想出更有效的方法。"就是说：自己有一定的解决问题的能力。

通过上述两组人群所常说的话的比较，我们可以看出，消极被动的人寻找借口、推诿责任的话语往往会强化他们的"宿命论"，他们一遍遍地给自己做心理暗示，让自己变得自怨自艾，要么怪罪别人，要么埋怨环境等外在因素，甚至把自己的遭遇和星座运势好坏相联系。而积极主动有担当又有自信的人，凡事的第一反应都是：找解决问题的方法而不是找借口，这是成功者应有的态度。

显然，在生活中，那些积极找方法解决问题和克服困难的人，最容易做出成绩，脱颖而出；反之，爱找借口、缺乏执着精神的人，事业上的发展往往会受到限制。

马克是一个刚毕业的大学生，学识不错，形象也很好，但有一个明显的毛病：做事不认真，遇到问题总是找借口。刚开始上班时，大家对他印象还不错。但没过几天，他就开始上班迟到，经理几次让他注意考勤，他总是找这样或那样的借口来解释。

一天，经理安排马克到某公司送材料，要去三个部门，结果他仅仅去一个地方办完事就回来了。领导问他怎么回事，他解释说："这家公司好大啊！我问了好几个人，才问到一个部门在哪儿。"经理生气了说："这三个部门都是公司里比较重要的部门，你出去了一下午，怎么会只找到一个呢？"

马克急着辩解："我真的去找了，不信你去问问他们公司的人！"经理心里更有气了："我去问谁？你自己没有完成任务，还叫上司去核实，这是什么话？"其他人好心地帮他出主意："你可以打公司的总机问问那三个部门的电话，然后分别联系，问好具体怎么走再去……"

不料，马克一点也不理会同事的好心，反而气鼓鼓地说："反正我已经尽力了……"看到这一切，经理下了辞退他的决心，说道："既然这已经是你尽力之后达到的水平，想必你也不会有更高的水平了。那么只好请你离开公司了！"

心态的力量

像马克这种遇到问题不想办法解决而是找借口推诿的人，在职场中并不少见，而这样的人在事业上很难有远大的前途。

生活中，有些人经常为自己的失败找借口，时间长了，会把"找借口"变成一种本能的反应。他们不承认自己能力有问题，总认为事情没做好是别的因素导致，或者认为事情难办，等等。

尼克·史蒂文森小时候不爱学习，考试常常得 C。每次考完试，尼克总是找各种理由为自己开脱："我事先认真看书了，可是题太难。""唉，这次考试时身体不舒服。"

有一天，当尼克再次为自己考得不好找借口的时候，母亲毫不客气地打断了他："别再找借口了。你考得不好，是因为你不认真学习，也不善于总结学习方法。如果你用心地学习，你就不会这么说了。"

这句话给了尼克很大的震动。从此以后，尼克再遇到困难时，他会努力从自身寻找原因，寻找适合自己的学习方法。慢慢地，尼克不仅取得了优异的成绩，更是把"不找借口找方法"贯彻到自己后来的职业生涯中，最终跻身成功者之列。

很多人都会像小时候的尼克一样，做事时总是为自己寻找各种各样的托词，似乎所有的事情都不是那么容易做，都是困难重重，都有太多客观的障碍存在，这是极其不负责任的态度。试想一下：你自己是否已经尽了全力？是否克服了不利条件而坚持到底？是否寻找到更为便捷的方法……有的人总是找借口，这不仅没有任何意义，反而会使人离成功越来越远。

生活中，失败了并不可怕，可怕的是"纵容"失败，为失败找种种借口。找借口不能促使自己提高和进步，而是向困难妥协、缴械。所以，如果你想获得成功的人生，就要成为积极寻找方法解决问题和困难的高手。

坦承错误，勇于面对

人犯了错往往有两种态度：一种是拒不认错，找借口辩解推脱；另一种是坦诚承认错误，勇于改正，并找到解决问题的方法。

在我们的生活中，当出现了问题或犯了错误，特别是一些难以解决的问题和错误，有的人想到的不是勇敢地去承担责任，去面对问题，去思考如何更好地解决问题，而总是想方设法为自己的过失寻找理由，目的是推卸自己的责任。找借口，实际上是没有意义的，因为"借口"是"借"来的、"找"来的，本身并不存在。所以在有了问题或失败时千万不要找借口，坦承错误、勇于面对才是做好事情的关键，而找借口只会让人错上加错。

西点军校学员 1890 届毕业生詹姆斯·M.斯莱登的一次经历让我们看到了不找借口的好处。

在一次军事理论课上，教官组织全班学员展开讨论。讨论会上，要求每一个学员都发言。首先，教官把整体情况说了一遍。轮到詹姆斯时，事先他已轻松地把自己的这一部分过了一遍，已做好了充分的准备。此后，他开始走神，心里想着下一节军事演练课自己可以射中几个敌人。他虽然可以听见团队的其他人在发表不同的观点，但他们说的具体内容就像水过筛子，一点儿不剩地就过去了。突然，教官问了詹姆斯一句："那么，詹姆斯，你对杰弗逊的观点怎么看？"他一下就回过神来了，惊吓和害怕妨碍了他集中精力回忆刚才所讨论的内容。在西点军校练就的反应能力让他努力集中精神，他提出了几条一般性的看法。当然，只能算是一般"共有性"的回答。

其实如果詹姆斯告诉教官"我没有什么把握——以前我没有看过这方面的材料"，这样可能会好一点，甚至这样说也行："对不起，我刚才走神了。"相反，他却想蒙混过去，结果便自以为是地说了一通。

毕业的时候，学校为学员们举行了最后一次聚会。这次聚会上教官给每一位学员分发带有开玩笑或具有幽默性质的礼物。詹姆斯的礼物是一个可以摆在桌上的小画框，上面整整齐齐地印着教官威廉斯上将的至理名言："只管说'我错了'。"詹姆斯脸红了。

其实很多时候，坦承错误并不会因此而失去什么，而用各种借口来搪塞，既不能显示你有多能干，也暴露了你没有责任意识。"不知道""不会""做不到"，说这些并没什么丢人的，因为

心态的力量

学习是永无止境的。人只要怀有责任心去承认错误、改正错误，便会得到别人的认可和尊重。

坦诚，是有担当的前提，也是做人的良好素质。一个人不具备坦承、勇于面对的品格，就容易屈从于诱惑，甚至做不该做的事。

人要具备坦承、勇于面对的品格，必须消除惰性心理以及消极心态，养成自律、自我约束的良好习惯。自律、自我约束习惯的养成是一个长期的过程，人必须学会勇敢地面对来自各方面的挑战，不轻易放纵自己，哪怕是一件微不足道的事情。人不能养成纵容自己、给自己找借口的习惯。对自己严格一点儿，时间长了，自律、自我约束便会成为一种习惯，一种生活方式，有助于你获得更长远的发展。

完美的执行不需要任何借口

美国西点军校有一个传统，遇到学长或军官问话，新生只能有四种回答：

"报告长官，是。"

"报告长官，不是。"

"报告长官，没有任何借口。"

"报告长官，不知道。"

除此之外，不能多说一个字。比如，长官问："你认为你的皮鞋这样就算擦亮了吗？"或许你的第一个反应是为自己辩解："报告长官，刚才排队时有人不小心踩到了我。"这是不行的，因为所有的辩解都不在那四个"标准答案"里，你只能回答："报告长官，不是。"长官要问为什么，你最后只能答："报告长官，没有任何借口。"

学校之所以这样规定，就是要让学生学会忍受不公平，学会恪尽职守，学校认为，只有秉持这种信念，才有可能激发起一个人的毅力，取得最大的成功。

心态的力量

有一次，一位连长派一个名叫赖瑞的学生到营部去，只有三个小时的时间，却交代了七项任务：有些人要见，有些事情要请示上级，还有些东西要申请，包括地图和醋酸盐，当时醋酸盐严重缺货。赖瑞接受命令后，下定决心把七项任务都完成，但具体该怎么做心里并没有十分的把握。

果然，事情进行得并不顺利，问题就出现在醋酸盐上。赖瑞滔滔不绝地向负责补给的中士说明理由，希望他能从仅有的存货中拨给他一点，但中士不答应。赖瑞只好一直缠着他，最后中士不知是被赖瑞说服了，还是发现眼前这个人没有其他办法可以轻易摆脱，他终于给了赖瑞一些醋酸盐。

当赖瑞回去向连长复命的时候，连长没有说什么，但显然很意外赖瑞把七项任务都完成了。事后赖瑞回忆说，当时在有限的时间里，根本无暇为做不好的事情找借口，只能把握每一秒钟去争取完成任务。

这就是西点军校"报告长官，没有任何借口"的延伸，赖瑞从西点军校毕业后，留校担任战略策划，同时教授领导道德课程。退伍后，他担任了艾尔伯马尔学院校长。

西点军校不只培养出优秀的军事人才，也培养出无数的商界精英，那四个"标准答案"让许多人受益终生。

美国巴顿将军曾在他的战争回忆录《我所知道的战争》中写到这样一个细节。

"我要提拔人时，常常把所有的候选人召集到一起，给他们提一个我想要他们解决的问题。有一次我召集要提拔的几个人，我说：'伙计们，我要在仓库的后面挖一条战壕，8英尺长，3英尺宽，6英寸深。'我就告诉他们那么多。我有一个有窗户或有大节孔的仓库。我走进仓库，通过窗户或节孔观察他们。我看到候选人把锹和镐都放到仓库后面的地上。他们在议论'我为什么要他们挖这么浅的战壕'。他们中有人说6英寸深还不够当火炮掩体。其他人争论说，这样的战壕太热或太冷。最后，有个人对其他人下命令：'让我们把战壕挖好后离开这里吧。那个老家伙想用战壕干什么都没关系。'"

最后，巴顿写道："那个人得到了提拔。因为我必须挑选不找任何借口完成任务的人。"

1886年西点军校毕业生、美国"铁锤将军"潘兴说过一句话："请只告诉我结果，不必做出更多的解释。"

不找借口不仅是做人的美德，也是成功的法则。成功者不应该也不需要编造或寻找任何借口，因为他们能为自己的行为和目标负责，也能享受自己努力的成果。

不找借口，你会比别人多一些思考的时间，而利用这些时间，你可以去改正犯下的错误，去熟悉你的工作，去设想你的未来；不找借口，利用这些时间，你还可以养精蓄锐、蓄势待发。

不找借口，意味着你比别人多了一分成功的机会，意味着

心态的力量

你可以全力以赴地去做事，没有私心杂念；不找借口，意味着你可以更好地挖掘自身的潜力，做别人不能做的事情。

不找借口，看似没有后路可退，看似缺乏人情味，但是它却可以保证行动力。无论你在生活中扮演着怎样的角色，都无须找任何借口，失败了也罢，做错了也罢，勇敢面对，努力做得更好。

那么，如何才能摆脱寻找借口的坏习惯呢？西点军校的学员格兰特说：

"我于1977年7月进入西点军校。在正式上课前，我们必须参加一个为期7个月的基本训练，我们把那里称为'野兽兵营'。那时的我习惯于为自己找借口，不管有没有正当的理由，我都想找一个人或者一件事为让我恼火的结果负责任，我认为借口对我是有好处的。我的这种想法在我周围的人中间很普遍。然而，上课后我真正领会到'没有借口，长官'这句话的真实含义，它其实是在鼓励新学员变得更加坚强，变得更加具有责任感。最终，'没有借口，长官'这句话我越说声音越有力，甚至变成了一种断然的回答。曾经总是去寻找借口的习惯被我摒弃了，我发现自己原来可以做得更好。"

美国第39任总统吉米·卡特入主白宫前，当过海军军官、农场主和佐治亚州州长。他执政时颇有一番抱负，意欲改革华盛顿的官场作风，接近普通群众，当一个提倡"平民主义"的总统。尽管他的决策并不尽如人意，但是，他的个人品格和工作作风还是赢得了世人的广泛赞誉。

卡特总统善于反躬自省，乐于面对自己的缺点，并设法自我改正。卡特十分勤奋而又能自律，同时坚信积极思考的力量。

据总统助手汉密尔顿·乔丹说："卡特的性格是，无论做什么事都会全力以赴，而且不找借口。"

卡特对那些没有尽最大努力的人表示不能容忍。在他任州长时，有一次，他因公和一位佐治亚州的专员同机外出。早晨7点钟，卡特已在飞机上了，却见那位专员正匆匆忙忙地在亚特兰大航空站的跑道上奔跑而来。这时飞机正好滑行到跑道上，卡特虽然看到了那个人，还是命令驾驶员准时起飞。"他不能按时到达这里，这实在太遗憾了。"他厉声地说。

卡特进入白宫后，继续坚持对他本人和国家提出高标准要求。他赞赏传统的美国信条。在就职演说中他宣称："我们知道'多些'未必就是'好些'；即使我们这个伟大的国家也有其公认的局限性；我们既不能回答所有的问题，也不能解决所有的问题……总的来说，我们必须为了共同的利益而牺牲个人的精神，尽我们最大的努力把事情做好。"

从现在开始，我们在生活和工作中，杜绝任何寻找借口的行为，踏踏实实地努力工作吧，因为成功只属于那些不找借口的人！

想成功要先做计划

我们常看见一些人，他们聪明，有才气，本应该能做出些成就，但有的人青云直上，发挥了自己的专长，做出了成绩，但大多数人却依旧平庸。

这是为什么呢？

心理研究发现，没有做出成绩的人要么太懒散，要么没有强烈的进取心，还有些人认为来日方长，反正有的是时间，自己聪明有才，总有一天会成功，于是便坐等成功来临。如果人安于懒散逸乐的生活，或遇难而退，那么便很难取得成就。

生活中很多人大部分时间是在"混日子"。他们的生活只是：为吃饭而吃、为搭公车而搭、为工作而工作、为回家而回家。他们从一个地方到另一个地方，事情做完一件又一件，好像做了很多事，但实际上这些事很少与自己真正想完成的目标有关。

西方有句谚语："闲时无计划，忙时多费力。"为了更好地实现自己的目标，让人生有所成就，事先做好计划是非常必要的。我们大都经历过这样的事：由于没有具体的准备或可行的计划，做事时手忙脚乱，但如果事先有计划就会使工作做起来更有条理。

身为运动员，无法准确地预知在赛场上会发生什么事情，可是运动员会为了比赛而刻苦训练；飞行员、宇航员在执行任务时会遇到不确定的情况，所以他们事先要进行周密的训练；金融机构经营大宗保险业务，目的是为各类投保人提供各种保障，应对意外状况发生。以上种种，都是有播种，才会有收获。谁都不愿意躺在手术台上对医生说"医生，我不怪你在学校没好好学"，而是期盼给自己做手术的医生，是个学识丰富、经验丰富、负责任的好医生。

完美、周到的计划可以提高成功的概率，可以使自己的奋斗结果更易预测，可以节省浪费在无效行动上的时间。因此，我们要养成事前认真做计划的良好习惯。

班菲德博士把做计划称作"具有时间观念"。他发现，很多成功者，都是有长期时间观念的人。他们在做每天、每周、每月的活动计划时，都会用长远的眼光去考虑。他们会做5年、10年甚至20年的计划。他们在分配资源或做决策之前，都是基于自己对未来的计划而做出决定。

在另外一方面，班菲德博士还发现，很多不成功的人中有些人虽有计划，但大多是只有短期的"想法"，他们几乎不做长期计划，他们更关心眼前的利益。

想要取得一定的成就，一定要用长期的眼光规划自己的人生及事业。人不管想在哪一行出人头地，起码要投入一定的时间来做准备，这样才可能在竞争激烈的社会中崭露头角。

认真工作不抱怨

有的人，在求职时不忘高位、高薪，工作时却不能忍受辛劳和枯燥；有的人，在工作中推三阻四，不能完成工作任务，总寻找各种借口为自己开脱；有的人，工作时毫无激情，任务完成得十分糟糕，但总有一堆理由抛给老板；有的人，对工作挑三拣四，对同事也总是感到不满。这样的人，只会深陷自己创造的烦恼泥潭里，做不出什么成绩。

小柯是一家汽车修理厂的工人。刚进厂那会儿，他工作认真，凡事都积极主动去做。日子久了，烦琐沉重的工作让他产生了厌烦情绪，于是他开始不停地发牢骚，像"这活儿太脏了"，"真累呀，我简直讨厌死这份工作了"……每天，小柯都是在抱怨和不满的情绪中度过。他认为自己在受煎熬，在像奴隶一样卖苦力，因此，一逮到机会，他便偷懒耍滑，应付手中的工作。

转眼几年过去了，当时与小柯一同进厂的几名年轻人，各自凭着自己精湛的手艺，或另谋高就，或被公司调到其他重要岗位，独有小柯，仍旧在"怀才不遇"中做他的修理工。

不可否认，工作带给我们的不仅有金钱和快乐，还有辛劳、枯燥、挫败甚至委屈。有时候发发牢骚是很正常的事，但如果整日喋喋不休地怨这怨那，陷于厌烦的情绪之中而无法自拔，那么，想成功真的很难。人要学会热爱工作，因为金钱和快乐，是建立在诸多艰辛和忍耐之上的。

美国独立企业联盟主席杰克·法里斯曾谈到自己少年时的一段经历：13岁时，法里斯开始在父母的加油站工作。他父亲让他在前台接待顾客。当有汽车开进来时，法里斯必须在车子停稳前就站到车门前，然后忙着去检查油量、蓄电池、传动带、胶皮管和水箱。法里斯注意到，如果他干得好的话，顾客大多还会再来。于是，法里斯总是多干一些像帮助顾客擦去车身、挡风玻璃和车灯上的污渍等小事。

有一段时间，每周都有一位老太太开着她的车来清洗和打蜡。她的车内地板凹陷极深，很难打扫。而且，这位老太太极难打交道，每次当法里斯把车打扫完，她都要再仔细检查一遍，让法里斯重新打扫，直到清除掉每一缕棉绒和灰尘她才满意。

渐渐地，法里斯有了厌烦情绪，他抱怨老太太鸡蛋里挑骨头，自己没法子再为她服务了。但他的父亲告诫他说："孩子，别抱怨，这是你的工作！不管顾客说什么或做什么，你都要记住做好你的工作，并以应有的礼貌去对待他们。"

父亲的话让法里斯深受震动。后来他认为，正是他在加油

心态的力量

站的工作经历，使他具有了良好的职业道德，使他在以后的职业生涯中更加勤勉，尽职尽责的观念在他以后的工作中起到了非常重要的作用。

"别抱怨，这是你的工作！"那些喜欢抱怨和找借口的人，确实需要这么一声棒喝。工作就是工作，不是玩乐。既然你选择了工作，就必须负责任地接受它的全部，包括工作中的辛劳、枯燥、挫败甚至委屈，而不是仅仅享受它的益处和快乐。

一个清洁工人如果不能忍受垃圾的气味，他永远不能成为一名合格的清洁工；一个推销员如果不能忍受客户的冷言冷语和厌烦的脸色，他永远也不能创下优秀的业绩。所以，不要用"这个问题我解决不了"等话来搪塞自己的工作，因为问题最终能否解决肯定是你自己的事情。

在 2005 年 7 月召开的行业峰会上，一家来自福建的著名体育用品制造企业的总裁这样说："我要求我的员工在任何时间、任何地点接受公司任务时，都要信心十足地说'这个就交给我吧，一点没问题'。而不是'这个事有些难，这个问题太多了，您还是找别人吧'，这样的员工第二天就会从公司消失。因为我作为公司老板，要的是业绩，而不是替员工解决问题。"

正如这位总裁所说，老板要的是业绩，公司员工就该以此为己任，把问题留给自己，把业绩拿给老板。

1985 年，年轻的布伦达·库瑞加入了联邦快递，后来她成为这家全球最具规模的快递公司的一名高级客户服务代表。

一天她正在值班，一阵急促的电话铃声响起，这个电话来自凤凰城某医学实验室，对方说有两个送往实验室的羊水样本还未送达，羊水来自两个情况十分危急的孕妇，一旦时间延误，羊水就会变质，这样一来，两位孕妇就必须再次忍受抽取羊水的痛苦。

放下电话后，布伦达·库瑞迅速对羊水的运送情况进行了查询，查询的结果是，这两件样品就在附近的达拉斯市。她通过公司总部的远程呼叫系统截住了运送羊水的汽车。按照实验室事先的要求，为了保证羊水的安全，羊水必须保存在冰箱里，但公司里找不到现成的冰箱，布伦达立刻赶回家中，将自己的小冰箱和备用电源搬上了汽车。

然后，她又紧急与达拉斯市联邦快递的空运经理取得了联系，当天晚上的十一点钟，她乘上了空运经理安排的飞往凤凰城的飞机。次日一早，实验室人员准时看到了羊水样品。布伦达的付出得到了回报，实验室后来告诉她，由于联邦快递运送及时，两件羊水样品完好无损，检测数据非常精确。她救了四个人的命——两位年轻的妈妈和两个可爱的小宝宝。

当实验室人员问她为什么这么做时，布伦达淡淡一笑，说："这件事需要有人来做，刚好当时我在那里。" 勇于做问题的"终结者"，体现出的是一种高度的责任感，一种为了工作不

心态的力量

惧困难的坚定品质。当然，不是每个人都能做到这一点。很多人在工作中互相"踢皮球"，面对问题能推就推，能躲就躲，面对功劳，能争就争，能抢就抢。于是问题在相互推诿的过程中由小变大，从不严重到越来越严重，而员工在这些问题上浪费的大量精力、劳力，以及错失各种能为企业带来业绩的机会，使自己的成长步伐停滞。

所以，面对问题敷衍了事，得过且过，抱着"自己做不了还有别人"的想法，势必会影响工作效率和质量，影响个人的前途。只有将问题留给自己，将业绩呈给老板，你才能成为一个真正合格的员工，从而受到老板的青睐和提拔。

工作中很多人实现了自己的目标、取得了成功，他们并非都有超凡的能力，而是切切实实把心用在了工作上。他们在工作中积极主动，善于抓住机遇、创造机遇，而不是一遭遇困境就心生抱怨或寻找借口。其实与其经常为没做好某些事而抱怨，或百般寻找借口来辩解，还不如试着将时间和精力用于寻找解决问题的方法上，踏踏实实做点实实在在的事情。

第四章

重视细节，细节决定成败

细节决定成败

细节决定成败，当你对细节给予足够的关注时，你就会得到意想不到的好处。在竞争越来越激烈的商业社会中，分工合作日益紧密，专业化要求也越来越高，但成为能做决策的高层主管的毕竟是少数人，绝大多数人做的都是基础工作，但也正是这些人所做的基础工作才促成了一个企业的发展壮大。

1950 年，美国企业管理学家戴明博士被美军司令麦克阿瑟将军举荐给了日本企业界，向日本企业家传授企业管理的"福音"。结果戴明被日本松下、索尼以及本田等众多企业和企业家奉为"管理神明"。在他的影响下，日本这个一无资源、二无市场、三无创新技术的小国在第二次世界大战后奇迹般地崛起了，成为举世瞩目的经济强国。为表彰戴明博士为日本经济腾飞做出的杰出贡献，日本天皇授予他"神圣财富"勋章。日本经济的迅速发展使美国企业感到了前所未有的压力。

美国人找到了戴明，向他发问："你究竟教给了日本人什么'秘诀'，使日本的工业这么快崛起？"戴明说："也没有什么，

心态的力量

我只是告诉日本人，每天在细节上进步 1%，经济就会大有起色。"原来，正是这个"每天在细节上进步 1%"，造就了日本经济腾飞的奇迹。

戴明的理论说明了一个道理：细节虽小，但它的力量是难以估量的，做好细节往往能促进事业发展甚至民族振兴。把每一件简单的事做好就是不简单，把每一件平凡的事做好就是不平凡。

一个青年来到城市打工，工作不久因为工作勤奋而得到了老板的赏识，老板将一个小公司交给他打理。后来他将这个小公司管理得井井有条，业绩直线上升。有一个外商听说之后，想同他洽谈一个合作项目。当谈判结束后，他邀请这位外商共进晚餐。晚餐很简单，几个盘子里的菜都被吃得干干净净，只剩下两个小笼包。青年人对服务小姐说："请把这些包子装进食品袋里，我要带走。"外商在一旁赞许地点了点头。

第二天，这位青年的老板设宴款待外商。席间，外商轻声问青年："你受过什么教育？"青年说："我家很穷，父母不识字，他们对我的教育是从一粒米、一根线开始的。父亲去世后，母亲辛辛苦苦地供我上学。她说不指望我高人一等，只要做好自个儿的事就行……"外商当即表示明天就同他们签合同。外商对老板说："你有这样的员工，我还有什么不放心的呢？"

一个人在细节上的表现更多的是日常习惯的反映，荀子说：

"不积跬步，无以至千里；不积小流，无以成江海。"就是告诉我们：立大志，干大事，进取精神固然可嘉，但只有脚踏实地从小事做起，从点滴做起，工作重视细节，才能养成做大事所需要的严密周到的工作作风。细心不仅是一种工作态度，也是一种工作能力。

有个叫钟进的年轻人，辞去做了三年之久的出纳工作，打算跳槽到一家外资企业。他大学读的是会计专业，因此他希望能在新公司找到一份与之相关的工作，但这并非易事。用人单位招聘的名额只有一个，却至少要通过三层选拔。

钟进轻松过了第一关，和另外 19 名求职者同时进入第二轮面试。而第二轮面试什么时候什么地点进行，招聘方却只字未提，大家都很焦急地等待着通知。这时，招聘方找到钟进，给了他 100 元钱，让他去指定的商店购买必要的资料，以供参加第二轮考试使用。然而，钟进马上就发现对方给他的这张百元大钞是假的。出于以前养成的职业习惯，他当即指了出来，并予以拒收。对方见钟进认真的样子，笑了笑，没再说什么，转身离去了。

几天后，主考官打来电话，恭喜他成功通过了第二轮选拔，让他去公司参加最后面试。原来，那次的假币事件竟是第二轮的考题，其中有 14 个应聘者或没有发现是假币，或发现得太晚，就这样被淘汰掉了。

最后的面试地点在一间封闭的房子里，仅剩的 6 个人排队

心态的力量

站在屋外，等着一个个进去应试。轮到钟进了，他忐忑不安地进了屋，坐到主考官面前。主考官提问了，让他说说第五套人民币不同面值票币后各是什么风景。这个问题应该很简单，但平时极容易被忽略掉。还好，钟进是个比较细心的人，他准确地回答了出来。主考官点点头，让他回去等通知。

很快，结果就出来了，钟进被录用了。事后，他惊讶地得知，一同参加面试的6人中，竟然只有他一个人答对了第五套人民币上的风景名称，这不能不算是个意外。这道题，说明了钟进平日关注细节以及负责和严谨的态度。后来那位考官也说，对于会计行业而言，细心就是最好的能力。其他工作又何尝不是如此？

我们所做的工作很多都是由一件件小事构成的，因此对工作中的小事绝不能采取敷衍应付或轻视懈怠的态度。很多时候，一件看起来微不足道的小事，或者一个毫不起眼的细节，却可能有牵一发而动全身的效果。不要以为是小事就可以敷衍应付，而应该像做重要的事一样认真对待每一个细节，细心、扎实地处理好每一个环节。借助小事，体现自己良好的工作作风和认真的生活态度。

阿华和刘利大学毕业后，进入了一家贸易公司工作。他们本以为会受到重用，进入重要岗位。可是，他们却被安排到了类似杂务工的工作岗位，负责厕所卫生、补充办公用品等一些琐碎的日常小事。阿华开始厌倦这份工作，常常打电话和留意招聘信息，随时准备跳槽，工作则扔到一边，常常缺勤；刘利虽然开始心里也不太痛快，但仍然认真地工作，干了一段时间后，反而不再发牢骚，安心工作、任劳任怨，并把工作作为锻炼自己的机会，相信总有一天会赢得领导的认可。同时刘利还深入了解公司情况，努力学习业务知识，熟悉公司工作内容。

工作5个月后，刘利被调到重要岗位。领导对刘利说："能吃苦不抱怨的人才能干大事，而眼高手低的人，什么事都干不好。"阿华则被辞退了。

通常人踏上工作岗位后，都需要经历一个把所学知识与具体实践相结合的过程，这个过程需要从一些简单的工作开始，需要从中不断学习。人通过做琐碎小事，可积累经验，增强信心，学会忍耐，为日后做更大的事情打下基础。

田华是一名外贸商人，有一次，她负责一批出口抱枕贸易项目，而这批抱枕却被进口方海关扣留了。进口方海关认为抱枕品质有问题，要求全部退回。田华怎么想也想不出哪里出了问题，因为在与进口方的整个合作过程中，抱枕的面料、花色都是通过打样和对方反复确认的。那究竟是什么原因让海关扣留了货物，进口方甚至要求全部退货呢？田华通过仔细调查，最后发现问题出在抱枕的填充物上。因为负责这项工作的员工谁都没有重视填充物，而都把注意力放在了抱枕的外套上。由于制造厂商没有就填充物的标准做出具体要求，制造商在其中

心态的力量

混入了部分积压的原料，导致在填充物中出现了小飞虫，这些抱枕最终被退回。田华因为忽略了细节，导致了这样的结果。

"千里之堤，毁于蚁穴"，忽视细节有时会付出惨痛的代价。现实中，很多不起眼的细节，决定了事情的结局。在上面的案例中，填充物作为产品的一个组成部分，应得到与其他部分相同的重视。如果当时重视这个细节，或许结果就不会这样了。

小事做不好，大事就会成空想；要成功，必须认真对待每个细节。实际上，事物之间都是有关联的，细节事关成败，关键性的细节更是起着扭转全局的重要作用。例如，对于一件事来说，忽略了 1% 的细节就可能造成 100% 的失败。

"商业教皇"布鲁诺蒂茨说过："一个企业家要有明确的经营理念和对细节无限的爱。"这就是强调抓好细节的重要性。所以，在工作中，对每一个细微之处、每一个小环节，我们都要全力以赴地做好，都要甘于一丝不苟地做小事、做细节，乐于扎扎实实地从基层干起。这样，你付出的是细心，是责任，得到的是整个"世界"。

细微之处筑就成功

曾经有这么一个小故事：

一位著名的医学教授，在上课的第一天就教育他的学生："医生最重要的就是胆大心细。"然后，他将一根手指伸进桌子上一只盛满尿液的杯子里，然后将手指放进嘴中。随后，教授将那只杯子递给学生们，让学生照着他的样子来做，每个学生都忍着呕吐，像教授一样把一根手指探入杯中，然后塞进嘴里。看着学生们狼狈的样子，教授微笑着说："不错，不错，你们都很胆大，可你们都忽视了一个细节，都没有注意到我伸入尿杯的是食指，放进嘴里的却是中指。"

很明显，这位教授是想教育学生要注意细节。不注意细节，不把细节当回事，实质上是缺乏认真的态度和负责的精神。忽视细节，做事情便常常会"缩水"。俗话说，事无巨细者必成大事。

在职场上，细节是不容忽视的，因为很多细节中蕴藏着风险，也蕴藏着机会，会使人失败，也会使人脱颖而出。也许注

心态的力量

重细节并不会使工作成果有多大改变，但久而久之，便会给人带来巨大的收益。

有一天，某公司老板陪同一位投资商参观该公司的生产车间。当这位投资商掏出一支烟刚想要点燃的时候，一位正在作业的工人立即放下手头的工作，上前礼貌地对他说："先生，这里是生产重地，严禁吸烟，请您合作。"说完，抱歉地朝他鞠了一躬。投资商面对工人的阻拦，不但没有生气，反而伸出大拇指。投资商对老板说："你们的工人职业素质很高，责任心很强，有这样用心工作的员工，我决定加大投资力度。"因为这个工人重视细节的认真态度，从而给公司带来了一大笔急需周转的资金。没过多久，这名工人就被老板提拔为车间主管。

无独有偶，在美国标准石油公司中，也曾经有一个名叫阿基勃特的小职员，他经常到各地去出差。每次出差时，每一次住旅馆他都会在自己签名的下方写上"每桶标准石油4美元"的字样，连平时的书信和收据也不例外，签了名就一定要写上那几个字。因此，他被同事起了个"每桶4美元"的外号。

公司董事长洛克菲勒先生听到这件事后十分惊奇，心里想："竟有如此努力宣传自己公司的职员。"他想见见这名职员，于是，他邀请阿基勃特共进晚餐。后来，洛克菲勒卸任后，阿基勃特成了第二任董事长。

阿基勃特在签名的时候写上"每桶标准石油4美元"，这本是一件非常小的事，但他一直坚持这样做，将这件事做到了极致。尽管他经常遭到同事们的嘲笑，但他始终没有放弃。而在嘲笑他的那些同事中，肯定有不少人的才华和能力在他之上，可最终却是他被提拔成为董事长。

滴水能穿石，铁棒能磨成针，不要小看小事，更不要忽视细节。

刚进入职场的年轻人，一般都是从底层做起，工作量大而繁杂，但只有在基层岗位上多锻炼，才会逐步提升自己的工作能力。不要小看工作中的小事，把小事做到位才能真正把工作做好。

法国有一家知名的汽车生产公司，打算与一家日本公司合作，为他们提供轿车附件。为此，公司的总工程师、知名汽车专家乔治亲自出马，到东京与日方谈判。如果谈得顺利，公司将获得巨大的经济效益。

日方也非常重视，派出年轻有为的副总裁兼技术部课长中田前来迎接。豪华气派的迎宾车就停在机场的到达厅外。宾主见面寒暄几句后，中田亲自为乔治打开车门，示意请他入座。

乔治刚一落座，便随手"砰"的关上车门，声音极响，中田甚至看见整个车身都微微颤了一下。中田不禁愣了一下，但马上想到乔治旅途劳累，可能情绪不佳，于是想，今后自己得更加小心周到地接待才行。

一路上，中田一行显得十分热情友好。迎宾车停在公司大厦前，中田快速下车，小跑着绕过车后，要为乔治开车门。但

心态的力量

乔治却已打开车门下车，又随手"砰"的关上车门。这一次，比在机场上车时关得还要响，似乎用的力还要重得多。中田又愣了一下。

会谈安排在第三天。在接下来的两天里，中田极尽地主之谊，全程陪同乔治游览东京的名胜古迹和繁华街景，参观公司的生产基地。乔治显得兴致很高，但每当上下车，他关上车门时都很用力。

中田不禁皱眉。他小心翼翼地问乔治，公司的接待是否有什么不周之处。乔治却显然没什么不满意。于是，中田陷入了沉思。

第三天到了，接乔治的车停在公司大楼前，乔治下车后，又是重重地关上车门。中田想了想，似乎下定了某种决心。他先请乔治到休息室稍等一下，说是有紧急事情要与总裁商量。

中田来到总裁办公室里，语气严肃地对总裁铃木说："总裁先生，我建议取消与这家公司的合作谈判！至少应该推迟。"

铃木不解地问："为什么？约定的谈判时间就要到了，这样随意取消，会显得没有诚信吧？再说，我们也没有推迟或取消谈判的理由啊！"中田坚决地说："我对这家公司缺乏信心，看来我们还需要好好考察一下。"铃木向来赏识这个精干务实的年轻人，便问他什么原因。

中田说："这几天我一直陪着乔治先生。我发现他多次重重地关上车门，开始我还以为是他在发脾气，后来才发现，这是他的习惯，这说明他关车门一直如此。他是一家知名汽车公司的高层人员，平时坐的肯定是他们公司生产的好车。他重重关上车门习惯的养成，是因为他们生产的轿车车门用上一段时间后就会有质量问题，不容易关牢。好车的车门尚且如此，一般的车辆就可想而知了……我们把轿车附件让他们生产，成本也许会降低很多，但这不等于在砸我们自己的牌子吗？请董事长三思……"

一个关车门的动作，可谓微不足道，往往容易被人忽略，但如此细微的细节，却能反映出一个人深层次的修养，中田通过观察细节来评价一个人的素质高低乃至一个企业的文化背景，不失为一种切实有效的工作方法。中田通过认真分析对方的"关门"细节，揭示出"关门"背后可能隐藏的深层问题，从而帮助公司避免了可能遭受的重大损失。他不能不说是一个令人钦佩的员工，他的细致周密的工作作风是我们应该学习的。

人做事的细节常体现出内在的涵养，所以我们要从细微处入手，提升自己的道德修养，学会站在对方的立场上思考。

可见，做事的细节代表的是一个人的内在素质，如果没有这种素质，有时会让一个人、一个企业损失惨重。

某地用于出口的冻虾仁被欧洲一些商家退了货，并且要求赔偿。原因是欧洲当地检验部门从 1000 吨的冻虾仁中查出了 0.2 克氯霉素，即氯霉素的含量占被检货品总量的 50 亿分之一。后

心态的力量

来经过自查，发现问题出在加工环节。原来，剥虾仁要靠手工，一些员工因为手痒难耐，便用含氯霉素的消毒水止痒，结果将氯霉素带到了冻虾仁上。结果这批货物不但全部被退回，该企业还要承担对方的全部损失并接受惩罚性的条款，这家企业被这件事弄得倾家荡产，直至破产也没有还完负债。

这件事引起不少业内人士的关注，有人说 50 亿分之一的含量已经细微到极致了，也不一定会影响人的身体健康，欧洲国家对农产品的质量要求太苛刻了；也有人认为这是技术壁垒，当地冻虾仁加工企业和政府有关质检部门的安全检测技术，大大落后于国际市场对食品质量的检测技术，根本测不出这么细微的有害物。但无论人们如何评判这次事件的结果，都于事无补，铺天盖地的议论无法弥补惨痛的损失，这又能怪谁呢？只能怪这家企业没有做好细节。

从上述事例中可以看出，在现代社会，如果我们忽视细节，可能造成的巨大损失和严重的后果有时会达到让我们瞠目结舌的程度，甚至会给一个人、一个企业带来灭顶之灾。所以，如果你想在职场上立于不败之地，想成为一个成功的人，只有看得更细，想得更深，做得更到位才行，而这种细心的态度是使自己的前途得以发展、使企业进一步壮大的可靠保证。

我们不妨现在就从工作中、生活中养成细心的习惯，不放过每一个细节，争取将事情做得圆满。

事事精细成就百事，
时时精细成就一生

很多时候，对于一件看起来微不足道的小事，或者一个毫不起眼的变化，如果不重视，就可能招致全局失败。

苏格拉底在一次课堂讲学中，对他的学生们说："今天大家只做一件事就行，你们每个人尽量把胳膊往前甩，然后再往后甩。"说着，他先给大家做了一次示范。接着他又说道："从今天开始，大家每天做300下，能做到吗？"学生们都自得地笑了，心想：这么简单的事，谁会做不到？可是一年过去了，等到苏格拉底再次走上讲台，询问大家完成的情况时，全班大多数人都放弃了，只有一个学生一直坚持着做了下来。这个人就是后来与苏格拉底齐名的古希腊大哲学家柏拉图。

俗话说：事事精细才能成就百事，时时精细才能成就一生。

2003年，中国的神舟五号载人宇宙飞船成功飞入太空并安全返回指定地点，这是中国航天科技发展史上的一个里程碑。要知道这样一个极其复杂的载人航天系统，需要由500多万个

心态的力量

零部件组成。即使有99％的精确性，也仍然存在着5000多个可能存在的隐患。那么如何能够达到100％的精确性呢？那就要消灭那5000个可能存在的隐患。我国航天工作者秉持着认真负责的态度，他们一定要做到100％的精确无误，他们一定要把一切可能存在的隐患都测试估计预控到，确保万无一失。

这就是做到精细、做到底的态度。

一家外贸公司的老板要到美国办事，且要在一个国际性的商务会议上发表演说。他身边的几名主管忙得头晕眼花，小吴负责草拟演讲稿，小于负责拟订一份与美国公司的谈判方案。

在该老板出国的那天早晨，各部门主管也来送行。有人问小吴他负责的文件准备得如何了，小吴睡眼惺忪地说道："昨晚只有4个小时的睡眠，我熬不住睡着了。反正我负责的文件是以英文撰写的，老板看不懂英文，在飞机上不可能复读一遍。待他上飞机后，我回公司把文件打好，再传真过去就可以了。"

谁知，老板一到机场就问小吴："你负责准备的那份文件和数据呢？"小吴把他的想法告诉了老板。老板闻言，脸色大变："怎么会这样？我已计划好利用在飞机上的时间与同行的外籍顾问研究一下报告和数据，别白白浪费坐飞机的时间呀！"小吴听了，脸色顿时惨白。

一到美国，老板就开始研究小于准备的谈判方案。这份方案既全面又有针对性，既包括了对方的背景调查，也包括了谈判中可能发生的问题和策略，还包括如何选择谈判地点等很多细致的小问题，大大超过了老板和众人的期望，尽管后来的谈判不太顺利，但因为事先对各项问题都有细致的准备，所以这家公司最终谈判成功。

老板出差结束，回到国内后，小于得到了重用，而小吴却受到了老板的冷落。

可见，在职场上仅仅"做到位"是远远不够的，还要"做到底"。杰出的员工应该像小于一样，不但把事情做到位，而且要超过别人对自己的期望，争取尽善尽美。

在很多时候，成败取决于一些不起眼的细节，很多时候细节具有决定性的力量，关注细节代表着严谨的作风和端正的态度，代表着永不懈怠的责任意识，当然，重视细节也是一个人工作积极、努力的体现。

工程施工中，一位师傅正在紧张地工作着，他手头需要一把扳手。他叫身边的小徒弟："去，拿一把扳手。"小徒弟飞奔而去。他等啊等，过了许久，小徒弟才气喘吁吁地跑回来，拿回一把巨大的扳手说："扳手拿来了，真是不好找！"

可师傅发现这并不是他需要的扳手，生气地说："谁让你拿这么大的扳手的？"小徒弟没有说话，但是显得很委屈。这时师傅才发现，自己叫徒弟拿扳手的时候，并没有告诉徒弟自己需要多大的扳手，也没有告诉徒弟到哪里去找这样的扳手。

心态的力量

自己以为徒弟应该知道这些，可实际上徒弟并不知道。师傅明白了：产生问题的根源在于自己，因为他并没有明确告诉徒弟做这件事情的具体要求和途径。

第二次，师傅明确地告诉徒弟，到某间库房的某个位置，拿一个多大尺码的扳手。这回没过多久，小徒弟就拿着师傅想要的扳手回来了。

这个故事说明，很多工作都是由一件件小事构成的，对工作中的小事绝不能采取敷衍应付或轻视懈怠的态度。无论工作是简单还是复杂，工作标准始终不变，即需要细心、认真。有的人认为自己做熟了的事情，认不认真没关系，可以敷衍了事。其实，做熟了的事也要细心，否则也可能会出错。但凡做事都要认真对待，细心、扎实地处理好每一个环节和细节，这是成事的基础。所以，人能借助"平凡小事"的力量有效提高效率，加快进度，做出不平凡的业绩。

细节定输赢

曾经有人归纳出一条"事故法则"：每起严重的安全事故背后是29次轻微事故、300起未遂先兆事故和1000起事故隐患。这些轻微事故、未遂先兆事故和事故隐患只要稍加留意就可避免，但很多人忽视了"事故法则"，特别是在细节上疏忽大意，于是事故与损失不可避免。

1986年1月28日，美国的"挑战者号"航天飞船刚升空就发生了爆炸，包括两名女宇航员在内的7名宇航员在这次事故中罹难。调查发现，事故是由一个"O"形密封圈在低温下失效所致。失效的密封圈使炽热的气体点燃了外部燃料罐中的燃料。其实事故是有可能避免的，在发射前夕，有些工程师就警告过不要在冷天发射，但是由于发射已被推迟了5次，所以这种警告未能引起重视。

这次事件是人类航天史上比较严重的一次载人航天事故，造成直接经济损失12亿美元，并使航天飞船停飞近3年。而造成事故最根本的原因就在于：一些人做事不注重细节，对细节疏忽。

心态的力量

一叶知秋，见微知著。一个人做事是否负责，责任感强不强，都可以通过日常对细节的把控体现出来。正因为如此，透过细节看人，逐渐成为衡量、评价一个人的重要方式之一。现在，许多用人单位在招聘新人时，还专门在细节上下些功夫。下面是一个较典型的事例：

张军和高永同时应聘进了一家中外合资公司。这家公司发展前景较好，待遇优厚，有很大的上升空间。他们俩都很珍惜这份工作，拼命努力以确保试用期后还能留在这里，因为公司规定的淘汰比例是 2∶1，也就是说，他们俩必然有一个会在三个月后被淘汰出局。

于是，高永和张军都咬着牙卖力地工作，上班从来不迟到，下班后还会经常加班，有时候还帮后勤人员打扫卫生，分发报纸。

3 个月后，高永被留了下来。张军不服气，找到部门经理想问个究竟，经理告诉他："从你们中选拔一个还真不容易。你们工作上不分高低，和同事关系也很融洽，所以我就常去你们宿舍串门，想更多地了解你们。我发现了一个现象，你们不在的时候，你的宿舍仍亮着灯，开着电脑。而高永的宿舍则熄了灯，关了电脑。所以，我最后只能选他。"张军听完，默默地走了。

正所谓"成也细节，败也细节"，是否熄灯、关电脑，看起来是微不足道的小事，却反映出一个人是否有严谨的态度和习惯。高永在这些细节上胜出，所以被留用也理所当然。

不管是企业还是个人，如果能负责任地关注细节，工作绩效就有可能得到质的飞跃。

100多年前，美国有一位年轻人在某石油公司工作。他学历不高，也不会什么专业技术，干的活儿简单又枯燥，就是每天检查石油罐盖是否自动焊接完全，以确保石油被安全储存。

每天，这位年轻人都会看到机器的同一个动作。首先是石油罐在输送带上移动至旋转台上，然后焊接剂便自动滴下，沿着盖子回转一周，最后工作完成，油罐下线入库。他的任务就是盯住这道工序，从清晨到黄昏，检查几百罐石油，每天如此。

好几个在这里工作的人干了没多长时间，就对这种枯燥无味的工作厌烦极了，最后都主动辞了职。年轻人一开始也很烦躁，但他最终还是选择了留下。

时间长了，年轻人在机器的上百次重复的动作中，注意到了一个非常有意思的细节。他发现罐子每旋转一周，焊接剂一定会滴落39滴，但总会有那么一两滴没有起作用。他突然想到：如果能将焊接剂减少一两滴，这将会节省多少焊接剂啊！

于是，他经过一番研究，研制出"37滴型"焊接机。但是用这种机器焊接的石油罐存在漏油的问题。但他并不灰心，很快又研制出"38滴型"焊接机。这次的发明解决了上一机型漏油的问题，同时又能使每焊接一罐石油为公司节省一滴焊接剂。

心态的力量

虽然节省的只是一滴焊接剂，但却给公司带来了每年 5 亿美元的新利润。

这位年轻人，就是后来的"石油大王"——约翰·D.洛克菲勒。由此可见，一个做事负责的人，即便做的只是简单枯燥的工作，也能注意到并且抓住被人忽视的细节，使工作得以改善。一滴焊接剂的差别，带来了 5 亿美元的利润，这就是细心所带来的巨大效益。

在我们的工作中存在着许多类似的细节，等待着细心的人去发现和挖掘，有些细节并不一定需要很高的学历和特长才能发现，关键就在于人们有关注细节的意识。

20 世纪 20 年代末，美国亚特兰大市有一家汽车修理店。这家店的店面比较大，所以无论高档车还是低档车都放在一起修理。老板请的员工都有着非常丰富的经验，维修设备也是当时最先进的，可让人没有想到的是，生意却做得非常糟糕。老板一筹莫展，渐渐有了关店不干的想法。

有一天中午，一辆低档车和一辆高档车同时来到店里修理。在这个过程中，那两位车主的表情都有些不自然，似乎都在担心什么。那辆高档车的问题比较简单，所以没多久就修理好了。高档车的车主驾车离去后，很快又来了另一辆比较高档的轿车要修理。然而，当车主下车看了看后，竟然驾着车子离去了。而到了那天下午，正当员工们在修理一辆高档车的时候，有一辆低档车在店门口停了停，也马上离开了。

人们没有留意到这一切，除了一位新来的年轻修理工。当天下班后，这位年轻员工来到老板面前，向他提了一个建议：在店面的中间隔一道墙，一边专门用来修理高档车，一边专门用来修理中低档车。这位员工保证，只要按照他说的做，一定可以改变修理店生意差的状况。

老板不太相信，但心想反正花钱不多，试试也无妨，于是就找来工人，在店面里隔了一堵墙。没有想到，就这么一堵墙，顿时改变了经营状况。生意一天比一天好，营业额也大幅上升。

为什么这堵墙能有如此神奇的作用？有一天，老板纳闷地把那位小伙子叫到身边问，这堵墙究竟有什么奥妙。小伙子告诉老板："以前，我们店面里所有的车子都放在一起修理，那些高档车的车主看着自己的车子和低档车一起修理，就会怀疑：'他们只是修理低档车的，够不够水平修理高档车呢？'而那些低档车的车主又会想：'他们都在修理高档车，给我这个低档车修理是不是也很贵？'正因如此，顾客脸上都会有一种担心的表情，甚至有些顾客来到我们的门口又离去了！现在这堵墙在把店面分开的同时，也将顾客各自的忧虑和怀疑给消除了，这就是我们的生意能好起来的原因！"

老板听后茅塞顿开。从此以后，他就把这种"分类修理"作为自己的经营特色，公司果然取得了很大发展。这家公司，

心态的力量

就是如今世界 500 强企业之一的汽修汽配巨无霸——美国蓝霸汽修连锁公司。当初的那位年轻员工，就是后来蓝霸公司的第二任 CEO 约翰·麦杰尼。

麦杰尼曾经在他晚年写就的职业传记中提到过这样一句话：所有创新都来自于细节，而创新有时其实很简单，仅仅是在细节中竖一堵墙！

在上述案例中竖起的这堵墙体现了一个人工作负责的态度，决定了工作的品质。

公司老板或业务人员要出差，便会安排秘书去购买车票。有这样两位秘书，一位将车票买回后就交了上去，如果老板想知道车次、座位等，还要自己慢慢翻查。而另一位秘书则将买回的车票整理好，放在一个大信封里，并在封面注明了列车的车次、座位号、启程及到达时间。同一件事，两个人做起来却出现了不同的结果。后一位秘书虽然只是在信封上写了几个字，但正是这份细心，为老板省了不少事。

有责任心，才能看见别人所未见，做别人所不能做，这样的人日后一定会有大的发展。

做事忌讳 "想当然"

做事"想当然"，就是盲目地凭自己的感觉和经验办事，从来不考虑实际情况，只想到一种"可能"，由此造成错误甚至悲剧的发生。

在职场中，最容易出问题的事，往往是"想当然"做出决策的事。

国庆长假前，上司让李蓉在假期做一份本地市场同类产品销售情况的报告，节后上班第一天就要上交。好不容易盼到的长假却要加班赶报告，李蓉心里很不痛快，也没仔细询问报告的用途，以为是为公司的新产品上市规划做参考，就按照以往的程序，上网查了一下相关资料，再依据领导的"喜好"做了些修改，一上班就交了上去。

实际上，领导需要的报告既要有竞争对手的真实数据，又要有本公司产品的销售情况分析，而李蓉上交的报告却没有这些内容。见领导脸色难看，李蓉委屈地小声说："我以为您是要做明年的销售计划……""你以为？你怎么不问我？不要总是'我以

心态的力量

为'，有不明白的就问，不要自己想当然地做！"上司打断了她的辩解。事后，李蓉不去反思，她越想越觉得自己无辜，甚至觉得是领导的管理方式有问题。"我以为他让我做的就是这个，如果不是，事先怎么不说清楚呢！现在出了差错又怪到我的头上。"

还有一个年轻人，应聘到一家事业单位做电脑主管。由于他工作非常努力，领导对他很欣赏，但因为一件"想当然"的事情，差点让他丢了饭碗。

那是临近年终的时候，大家都忙着整理自己的办公室，将一些废旧的报纸杂物清理后卖掉。他的机房里堆了好几台早已经被淘汰掉的旧电脑，很占地方，于是他想，反正这些电脑都已经被淘汰了，不如当废品卖掉。

结果刚到门口，他就被保安拦住了，并且叫来了保卫科长，科长毫不留情地将他训了一通，说这是单位的固定资产，怎么可以随便卖掉？即使不要了，也要经过单位规定的程序，批准后才能报废。保卫科长说完后立即将这件事向单位领导做了汇报。结果因为这件事，年轻人不仅被通报批评，还被扣了年终奖。

想当然地做事是缺乏责任感的一种表现，不是只有新人才会犯这样的错误。一些工作多年的人，自以为有丰富的工作经验，遇到问题不屑或不好意思问人，尤其是问上司，于是按惯例和惯有的思考模式处理事情，结果却犯了"想当然"的错误。

很多时候，有的人并不是没有能力去了解真实情况，而是没有负责任去了解，任由自己的主观臆断支配自己的行为，于是错误和悲剧就发生了。

有一家企业引进了一套德国设备，德国工程师在设备安装调试验收时，发现有一个螺钉歪了，但是它的紧固度没有问题。这家企业的工程师认为这没有什么大不了，所有六角螺钉的紧固度不可能都一丝不差，"差不多就行了"。但德国工程师却坚持说："不，拧正完全可以做到。六角螺钉歪了，是因为在拧这个螺钉的时候，没有按规范标准进行操作。"后来通过调查发现，是这家企业安装工人的问题。按照技术操作标准要求，上这些大螺钉需要由两个人共同完成，一个人固定扳手，另一个人拧螺钉。可是这家企业却只有一个人上螺钉。

因为"差不多"的工作态度，会使很多工作漏洞百出，很多产品质量不达标；因为"差不多"的工作态度，许多企业在寻求与国外同行合作时常常会被拒之门外，许多产品总是被打上二等货色的标签，看似与一等品只差一点，其实相差很多。一位管理专家指出：从手中溜走1%的不合格，到用户手中就是100%的不合格。

我们做事不可"想当然"、不可"差不多"，成功者都是从重视最细小、最微不足道的事开始起步，一步一个脚印走向辉煌的。如果视小事而不见，不去做好细节，机会也会从眼前溜走，让人追悔莫及。

有一天，拿破仑·希尔站在一家出售手套的商店柜台前，

心态的力量

和受雇于这家商店的一名年轻人聊天。年轻人告诉拿破仑·希尔，他在这家商店已经工作四年了，但由于这家商店的"短视"，他的工作并未受到店方的赏识，因此，他目前正在寻找其他工作，准备跳槽。

在他们谈话时，有一位顾客走进了这家商店，他告诉这位年轻的店员，自己想看一看帽子。这位年轻店员对这名顾客的请求置之不理，继续和希尔谈话，这名顾客露出了不耐烦的神情，但店员对他仍是不理。最后，店员和希尔把话说完了，这才转身向那名顾客说："这儿不是帽子专柜。"

那名顾客又问："帽子专柜在什么地方？"

店员回答说："你去问那边的管理员好了，他会告诉你怎么找到帽子专柜。"

希尔明白了，这位年轻人拒绝、忽视自己的工作，丧失了使自身得到提高的机会，也丧失了自己的前途。

很多时间，细节不是无关紧要的，很多细节、小事背后往往有许多机会。做个真正的有心人，一旦你对某个细节、某个小事认真负责，就会发现其中蕴藏着非常有价值的机会，如果再付出积极的努力，就可能会获得真正的成功。

加利福尼亚州奥克兰市一家电台的唱片音乐节目主持人起先很苦恼，因为他感到自己主持的节目缺少幽默和乐趣，没有引起上司的注意和听众的喜爱。他苦思冥想接下去要怎么办。

有一天，他随手从办公室的废纸篓里拣起一本没人要的杂志，发现上面有介绍一些歌星和音乐家的材料，并列出了他们的唱片的销售额。

当天晚上，在放唱片前，这个主持人先讲了一通他从那本杂志上看来的关于一位歌星的轶事。在放了一两张唱片后，他才说出那位歌星的名字，并播了一支他演唱的歌曲。

结果听众们对这个节目的兴趣开始浓厚起来，而那位主持人也因此迈进了广播界"全美头40名"的行列。

优秀的人总是留心到别人忽略的东西。他们能够抓住更多容易被别人忽视的机会，因而，他们往往能取得比别人更大的成就。

世界汽车业巨子、美国"福特"公司的创始人福特，大学毕业后去一家汽车公司应聘。和他同时应聘的其他几个人都比他学历高，当前面的几个人面试之后，他觉得自己没有什么希望了。他敲门走进了董事长办公室，一进办公室，他发现门口地上有一张纸，便弯腰捡了起来，发现是一张废纸，便顺手把它扔进了废纸篓里。然后他走到董事长的办公桌前，说："我是来应聘的福特。"董事长说："很好，很好！福特先生，你已被我们录用了。"福特惊讶地说："董事长，我刚进来，你还没考察我，怎么就把我录用了？"董事长说："福特先生，前面几位应聘者学历都比你高，且仪表堂堂，但是他们的眼睛只能'看见'大事，而看不见小事。你的眼睛能看见小事，我们

心态的力量

认为能看见小事的人，将来自然看得到大事，而一个只能'看见'大事的人，会忽略很多小事。所以，我们决定录用你。"福特就这样因捡起了一张废纸进了这个公司,这个公司不久就扬名天下。

后来，福特当上了这家公司的董事长，把这家公司改名为"福特公司"，使美国汽车产业在世界市场上占有重要地位，这就是今天"美国福特公司"的创造人福特。

一张废纸并不重要，但是，从小事能看见大事，许多人因为只看见大事，而忽视了小事，最终失去了本该拥有的机会。

人要想成就高远宏大的事业，实现理想和追求，必须从最细小、最微不足道的事情做起。请记住：许多不显眼的事物往往就是机会。

俄国作家列夫·托尔斯泰的中篇小说《哈泽·穆拉特》的写作灵感，据作者日记记载，乃是由一棵人们熟视无睹的鞑靼花触发的：

1898 年夏天的一个傍晚，列夫·托尔斯泰散步回家，"穿过一片刚刚犁过的黑土地。一眼望去，除了黑土以外，什么也没有，连一根绿草也看不到。可是在灰土飞扬的灰秃秃的路旁，却长着一棵鞑靼花（牛蒡）。这棵花有三条幼枝，一条已经断了，断枝上挂着一朵沾了泥的小白花；另一条也折断了，上面沾满了污泥，黑色的残枝显得垂头丧气，十分肮脏；第三条幼枝向旁边直伸出去，虽然也因为蒙上灰尘而变黑了，但还活着，中间部分还是红红的。"托尔斯泰想把这一切都写出来，因为"在这一片田野上，只有它把生命坚持到最后，不管怎样总算坚持下来。"

一朵在别人看起来毫不起眼的小花，在托尔斯泰眼里却有着丰富而深刻的含义，以至促使他由此完成了一部中篇小说。灵感的这种引发力，就像契诃夫形象说明的那样："平时注意观察人，观察生活……那么后来在什么地方散步，例如在雅加达的岸边，脑子里的发条就会忽然咔的一响，一篇小说就此准备好了。"

雪莱的历史名剧《钦契一家》的创作便是由一幅画引起的。雪莱曾看到贝特丽采被囚禁在狱中时艺术家基多为她画的一幅画像。她那庄严而忧郁的神情给雪莱留下了深深的印象。他于是产生了强烈的创作欲望。他查阅了有关贝特丽采的历史档案资料，并从这个家庭悲剧的史料中，发现了包含其中的社会意义，一部名剧便随之诞生了。

狄更斯的名作《双城记》的创作灵感是在演剧时获得的。他在《双城记》初版原序（1859 年）中谈到《双城记》的创作时说："我最初想到这故事，是我正在跟我的儿女们和朋友们表演英国小说家威尔奇·柯林斯先生的剧本《冻结的大海》。我当时被一个强烈的欲望抓住了。于是我一发不可收拾，将其创作了出来。"

由此可见，多关注生活中的小事，你也许能够抓住更多的机会。

打赢"针尖上的擂台赛"

2003 年，兴旺绿色能源有限公司成立，冯进仁作为技术骨干进入公司。"在太阳能热水器行业，兴旺是'后来者'，面对竞争已呈白热化的市场，企业要想生存发展，必须在技术上有过人之处。"冯进仁重任在肩。

通过细致的市场调查后，冯进仁发现，随着太阳能热水器的普及，水箱漏水问题正成为整个行业的通病，而造成漏水的元凶，正是一个不为人留意的细节——水箱焊缝。由于自来水中含氯离子，焊缝长期被浸泡后极易被腐蚀，再加上水箱长期在室外风吹日晒，一般使用三年后，都会出现不同程度的漏水现象。

找到症结所在后，冯进仁大胆革新焊接工艺，引进新型焊接设备，改变以前的单面气体保护焊接方法，使用双面气体保护，并不断尝试各种保护气配方。为了能更精确地看到各种保护气配方所产生的效果，冯进仁每次都把焊接保护眼罩扔在一旁，直接通过肉眼观察。结果实验结束后，他连回家的路都看不清了。

经过十多次尝试，焊缝的抗腐蚀性和牢固程度大大提高。"我们的产品 2005 年进入市场，五年来基本没有收到有关漏水的投诉。"冯进仁说。细节是成功的关键，做人如此，做产品亦是如此。冯进仁每次创新都从细节入手，虽然投入的成本不高，但造出的热水器却总比别人"多一份心思""多一点周到"，如今兴旺太阳能热水器已拥有多项专利，形成多个大产品系列，国际订单量节节攀升。

那些成功者每天都在为做一些小事全力以赴。杜邦公司的创始人伊雷内·杜邦也是这样的人。

当伊雷内把开火药厂的想法告诉父亲皮埃尔时，皮埃尔以为他在异想天开。在大家的印象中，伊雷内从小就是个沉默寡言的"书呆子"。皮埃尔对伊雷内的计划不感兴趣，于是让他自己去解决资金、厂址和其他问题，一切由他自己张罗。没想到，伊雷内以出色的实干精神证明自己不是个空想家，他干得井井有条。他被生产世界上最棒的火药的目标鼓舞着，一心扑在上面，东跑西奔。

他手头的钱不够，一流的设备大多在法国，厂址不知道设在哪儿合适，一切都没有着落。他明白，自己已经不可能像小时候那样用试管和药匙把火药生产出来。他不厌其烦地把事情一件件地落实。首先选厂址，为了争取到政府的订单，他想在华盛顿附近找地方。但是，经过一番实地考察后，他发现这里

心态的力量

没有火药厂需要的激流、森林和花岗岩。

在美国各地转了一大圈，他终于看中了特拉华州的白兰地河畔。这里水流湍急，有天然的动力，河边的大片森林可以作为燃料，山上的花岗岩可用于提炼硝石。伊雷内站在白兰地河畔，抑制不住内心的激动，大声喊道："我找到了！找到了！"这里还有大量的劳动力，很多外国人聚居在这里，要求的报酬比美国人低得多。他还认识了刚刚被法国政府驱逐出境来到美国的富翁彼德·波提，并说服对方入股。后来，法国政府也得知了伊雷内的活动。为了增加火药来源，法国政府火药局向伊雷内提供了先进的生产技术和设备，还督促银行家投资……总之，伊雷内坚持不懈的努力渐渐把他事先设想的各个环节变成了明朗的现实。

1802 年 4 月，生产火药的杜邦公司成立了。

这只是个开头，生产和经营中需要解决的问题还有很多。伊雷内亲自设计厂房的结构，让它最大限度地减轻爆炸的可能性。他夜以继日、废寝忘食地指挥基建和设备安装。经过一年紧张的准备工作，火药厂开工了。但由于动力不足，试生产失败了。

又过了一年，火药成功地生产出来，质量虽然不错，但由于没有名气，被经销商退了回来。伊雷内在《华尔街日报》上宣传：特拉华州是个打猎的好地方，这里还有杜邦公司的狩猎俱乐部，来这儿打猎的人，都会得到免费的火药。

不久，订单像雪片般飞来了。1805年，美国政府将杜邦公司定为军方火药的定点生产企业。伊雷内就这样掘到了第一桶金。

针尖上打擂台，拼的就是精细。

有一家园艺所重金征求纯白金盏花，启事在报纸上发出后，在当地一时引起轰动，高额的奖金让许多人跃跃欲试。但在千姿百态的自然界中，金盏花除了金色就是棕色，要培植出白色的金盏花，不是一件易事。所以许多人一阵热血沸腾之后，就把那则启事抛到九霄云外去了。

一晃二十年过去了。一天，那家园艺所意外地收到了一封热情的应征信和一粒纯白金盏花的种子。当天，这件事就不胫而走，引起轩然大波。

寄种子的原来是一位年近古稀的老人。老人是一个地地道道的爱花人。当她二十年前偶然看到那则启事后，便怦然心动。她不顾八个儿女的一致反对，义无反顾地培植纯白色金盏花。

她撒下了一些最普通的种子，精心侍弄。一年之后，金盏花开了，她从那些金色的、棕色的花中挑选了一朵颜色最浅的，任其自然枯萎，以取得最好的种子。次年，她又把它种下去，然后，再从这些花中挑选出颜色更浅的花的种子栽种……

日复一日，年复一年。终于，在二十年后的一天，她在那片花园中看到一朵金盏花，它不是近乎白色，也并非类似白色，

心态的力量

而是如银如雪的纯白。于是，一个连专家都解决不了的问题，在一个不懂遗传学的老人的长期努力下，最终迎刃而解了。

细微之处见精神。老人的坚持，创造了奇迹。其实，成功者大多都很注重小事，并且在细节上体现出卓越的才能。

在约翰·肯尼迪总统眼里，似乎任何细枝末节都具有特别重要的意义。在其就职典礼的检阅仪式中，肯尼迪注意到海岸警卫队士官中没有一个黑人，便当场派人进行调查；他在就任总统后的第一个春天发现白宫返青的草坪上长出了蟋蟀草，便亲自告诉园丁把它除掉；他发现美国陆军特种部队取消了绿色贝雷帽，便下达命令予以恢复；尤其使人感到意外的是，肯尼迪在就任总统后不久举行的一次记者招待会上，竟然胸有成竹地回答了关于美国从古巴进口 1200 万美元糖的问题，而这件事只是在四天前有关部门的一份报告的末尾部分才第一次被提到过。身为总统，肯尼迪事无巨细的风格非但没有被美国人指责，反倒更加丰满了自己的形象。

同肯尼迪相比，美国的许多位总统对小事的关注似乎都不逊色。其中，富兰克林·罗斯福总统凭借惊人的记忆力记住诸多细枝末节。

第二次世界大战中，有一条船在苏格兰附近突然沉没，沉没的原因是鱼雷袭击还是触礁，一直没有结论。罗斯福则认为触礁的可能性更大，为了支持这种推测，他滔滔不绝地背诵出当地海岸涨潮的具体高度以及礁石在水下的确切深度和位置。这一招令许多人暗中折服。而罗斯福总统拿手的绝活是进行这样一种表演：他叫客人在一张只有符号标志而没有说明文字的美国地图上随意画一条线，他能够按顺序说出这条线上有哪几个县。

林顿·约翰逊总统也曾在细节上有过出色的表现。有一次，约翰逊刚刚在国会参众两院联席会上致完辞，一位参议员便上去向他表示祝贺。约翰逊说："对，大家鼓了 80 次掌。"这位参议员立刻跑去核对会议记录，查实总统丝毫没有说错，显然，约翰逊在讲演的同时，必定在仔细记数着会场上鼓掌的次数。

很多大艺术家也善于在细微之处用心，于细微之处着力，这样日积月累，他们的作品渐入佳境，出神入化。

有一天，雕塑家米查尔·安格鲁在他的工作室向一位参观者解释为什么自这位参观者上次参观以来他一直忙于一个雕塑的创作。"我在这个地方润了润色，我在那边使之更加具有光彩，我还使面部表情更柔和了些，使那块肌肉显得更强健有力，使嘴唇更富有立体感，全身更显得有力度。"

那位参观者听了不禁说道："这些都是些琐碎之处，不大引人注目啊！"

雕塑家回答道："你要知道，正是这些细小之处使整个作品趋于完美，而让一件作品完美的细小之处可不是件小事情啊！"

心态的力量

　　画家尼切莱斯·鲍森画画时有一条准则，即凡是值得做的事情都应该做好，力求完美。他的一位朋友威格尼尔·德·马韦尔在他晚年时曾问他，为什么他在意大利画坛取得如此高的声誉。鲍森回答道："因为我从未忽视过任何细节。"

　　伟大来自平凡，老子说："治大国，若烹小鲜。""小处着眼、小处着手"的意义正在于此，人唯有打赢"针尖上的擂台赛"，创立恢宏的事业才有可能成为现实。

第五章

人生无止境，唤醒沉睡的心灵

坚定的信念造就卓越的人

生活中，有一些人的能力并不如别人，却能完成那些看起来别人无法完成的事情；有一些人奋斗了若干年，突然间实现了自己的梦想，有人疑惑让他们获得成功的力量从何而来，其实那种力量并不神秘，那就是——信念。

日本松下电器公司总裁松下幸之助，年轻时家境贫困，必须靠他一人养家糊口。有一次，松下到一家电器工厂去谋职。他走进这家工厂的人事部，向一位负责人说明了来意，请求对方给自己安排一个哪怕是最低下的工作。这位负责人看到松下衣着肮脏，又瘦又小，觉得他不是理想的应聘人选。但又不能直说，于是就找了一个理由：我们现在暂时不缺人，你一个月后再来看看吧。这本来是个托词，但没想到一个月后松下真的来了，那位负责人又推托说此刻有事，过几天再说。隔了几天松下又来了。如此反复多次，这位负责人干脆说出了真正的理由："你这样脏兮兮的样子是进不了我们工厂的。"于是，松下幸之助回去借了一些钱，买了一身干净得体的衣服穿上又返

心态的力量

回来谋求工作。负责人一看实在没有办法，便告诉松下："关于电器方面的知识你知道得太少了，我们不能录用你。"两个月后，松下幸之助再次来到这家企业，说："我已经学了不少有关电器方面的知识，您看我哪方面还有差距，我一项项来弥补。"

这位人事主管盯着他看了半天才说："我干这行几十年了，头一次遇到像你这样来找工作的人。我真佩服你的耐心和韧性。"结果松下幸之助终于进了那家工厂，后来又凭借自己的努力逐渐成为一个成就非凡的人物。

在成大事者的眼里，失败不只是暂时的挫折，还是一次机会，它告诉你还存在某种不足和欠缺。找到原因，弥补自身的不足，就相当于增长了一些经验、能力和智慧，也就会离成功越来越近。世界上真正的失败只有一种，那就是彻底放弃。

著名的耶鲁大学教授伯尼·西格尔博士通过对几个多重人格的人研究，证明了信念这种"特异功能"。说来有些不可思议，当那些患者认定自己是什么样的人时，他们的神经系统便会传达一项指令，使他们身体的机能做出极大的改变，也就是说，他们的身体在研究者的眼前很快就变成另一个新个体。例如，眼珠的颜色变了、身上的某些记号消失了或出现了某种特征，甚至于当他们认为自己患上了糖尿病或高血压时，他们就真的具有了这些病症。

人生不如意的事十之八九，"要想活下去，非有积极的信念不可"。这是心理医生维克多·弗兰克从由纳粹设立的奥斯维辛集中营的种族屠杀事件中发现的真理。他研究发现，凡是能从这场惨绝人寰的浩劫中活过来的少数人，都有一个共同的特征，那就是他们不但能忍受百般的折磨，而且懂得以积极的态度去面对这些痛苦。他们相信自己有一天会成为历史的见证者，他们将告诫世人千万不要再让这样的惨剧发生。

世界上很多科学家、权威人士的研究结果表明，由于骨骼、肌肉等各方面因素的限制，人类不可能在四分钟内跑完一英里。因此人们一直认为，这是人类不可能打破的纪录。然而，1954年，一位叫罗杰·班纳斯特的人却打破了这个纪录！

班纳斯特之所以能够创造这一惊人的佳绩，一方面归功于他在体能上的苦练，但更重要的是，他在精神上有了突破。在破纪录之前，他曾在脑海中无数次地模拟以4分钟的时间跑完一英里，长此以往便形成了强大的成功信念，结果，班纳斯特真的做到了，做到了人类长期以来一直认为不可能的事情。

奇怪的是，在班纳斯特打破纪录的第二年，有37个人也做到了。第三年，居然有300多人做到了。为什么在班纳斯特突破之前无人做到，而之后却有那么多人做到了呢？原因就在于，这些运动员被科学家的结论限制住了自己的潜能，他们不相信自己可以做到。但之后，他们看到有人做得到，才相信自己也能做到。这又一次证明了信念具有强大的力量。

信念的力量并非仅体现在个人身上。在一个企业或组织里，

心态的力量

领导人所提出的企业愿景，也是一种信念。IBM 的第二代领导人小托马斯·沃森曾在 1962 年的一次发言中说，他坚信企业为了生存以及取得成功，会制订一套健全的信念，并把它作为所有政策和行动的前提，他认为企业成功最重要的因素就是要忠于自己的信念。

成功的人，总是先有信念，继而持之以恒地去做事；而总是失败的人，通常没有坚定的信念，同时做事易放弃。信念是打开一切"不可能"锁链的钥匙。当你用强大的信念去推动自己时，你就可成就大事。

1944 年，"名人录"模特公司的主管埃米琳·斯尼沃利告诉一个梦想成为模特的女孩说："你最好去找一个秘书的工作，或者干脆早点嫁人算了。"但这个女孩并没有去嫁人，也没有去当秘书，而是继续为她的梦想而努力。1953 年，她在电影《尼亚加拉》里担任主角，一跃成为好莱坞的一代巨星，她的名字叫玛丽莲·梦露。

1954 年，"乡村大剧院"旗下的一名歌手首次演出之后就被开除了，老板吉米·丹尼对那名歌手说："小子，你哪儿也别去了，回家开卡车去吧。"但这名歌手并没有因此而放弃对梦想的追求，在坚持不懈的拼搏下，1956 年，他的名气开始如日中天，最终成为一代摇滚巨星，他的名字叫埃尔维斯·普雷斯利，绰号"猫王"。

埃迪森·佩纳在圣地亚哥市郊长大，是一个普通技工的儿子。在学校读书时，他就表现出了聪颖幽默的天赋。尽管如此，他还是没有摆脱成为技工的命运。

2007 年 1 月，31 岁的佩纳来到科皮亚波。科皮亚波是智利北部的一个城市，周围有铜矿、金矿、银矿。这里既是淘金者的天堂，也是像佩纳这样的人寻找工作机会的地方。

然而在 2010 年 8 月 6 日凌晨 4 点，矿难把佩纳和其他 32 名矿工留在了地下 700 米深的矿井临时避难所。

后来，死里逃生的佩纳回忆说："自己当时仿佛听到一个声音在耳边喃喃低语：'你什么都做不了，什么都改变不了。'你能了解那种痛苦么？那就是绝望的感觉。"

最初的 18 天是最难熬的。佩纳回忆说，当时他们与外界彻底失去了联络，直到钻头穿过 20 多米的地表，带着食物药品等生活必需品抵达他们所处的地底时，被困矿工们才重新有了希望。

"最初我们的食物非常有限，每天每人只能吃一小勺金枪鱼，后来变成了两天一勺。水是从损坏的矿车暖气中过滤出来的。有五个人曾经组成一队，想要挖出逃生的路。这个计划吓坏了一些人，因为人们担心这样会再次发生塌方。"

让人哭笑不得的是，佩纳的名字被心理专家们排在了"可能出现精神异常的矿工"的第一位。他们都听说了佩纳在地下 700 米疯狂跑步的故事：救援工作展开后，在与佩纳互传信件、电话和视频的过程中，他的女友阿尔维斯发现，佩纳的行为开

心态的力量

始变得越来越奇怪。他背着一个木箱，在巷道里不停地奔跑。

佩纳一直在用这种方式宣泄他的恐惧。在事故发生前他就是一个健身运动爱好者，他穿着皮革的矿工靴子，坚持每天在巷道里奔跑，并被其他矿工称为"跑步男"。对于自己为什么在井下拼命跑步，佩纳的解释是："尽管我身处大地最深处，但是我仍然坚持跑步。因为只有你不断向神灵证明你仍然充满斗志，那么神才会听从你的愿望。神灵不喜欢我们轻言放弃。"

为了给佩纳提供精神上的支持，阿尔维斯想到了一个可行的办法：在为信件设计的通道里为佩纳偷偷送进一双耐克跑鞋。购买跑鞋是件简单的事，但是要使它们通过政府心理学家这一关，这是个不小的挑战。为了防止家属通过管道给矿工偷运"违禁"物品，政府的心理学家们在地表的通道旁安置了一位强壮的海军士兵，负责检查所有运输下去的包裹。

但阿尔维斯努力说服了专家，允许将耐克鞋传送给佩纳，鞋子被强行挤进通道。佩纳说："我知道送到地下的东西是要通过严格的审查的，许多其他矿工的需求都没有得到满足。能够拿到鞋我很开心，之前我一直穿着工作靴跑步，脚很痛。拿到跑鞋后我马上跑了一圈。"

佩纳非常幸运，由于坚持在井下锻炼，他的身体保持了良好的状态。他成为第一批获准出院回家的三个矿工之一。而他坚持穿着工作靴在闷热的矿井下跑步的经历已经传遍智利，毕竟，这应该是赛跑史上最不寻常的"训练"经历。

在受困井下的日子里，佩纳每天要沿着地下坑道跑步 97 千米，这个成绩也打动了纽约马拉松赛事总监威顿伯格，并因此向佩纳发出了参加比赛的邀请。

于是，获救未满一个月，佩纳就受邀参加纽约马拉松赛跑。纽约马拉松是世界上最著名的赛事之一，那次有 43 万人参加，佩纳受到了英雄般的礼遇。比赛开始前，佩纳对记者说："我想证明自己能做到。"

虽然膝盖受伤而且有些痛，34 岁的佩纳还是以 5 小时 40 分钟跑完了全程，比自己预计 6 小时完成的成绩要好。比赛主办方通过扩音器播放了佩纳最喜爱的猫王的歌曲，路旁的民众也都为他欢呼喝彩。

这个矿井下的奔跑者以这种方式证明：只要以坚定的信念坚持下去，便可以创造奇迹。

许多人其实并不是没有能力，只是缺乏坚持到底的恒心。机遇只会青睐对成功渴望并坚持到底的人，这种人即使是在最黑暗的夜晚，也会坚定信念向前走，穿越漫漫长夜，最终迎来阳光灿烂的日子。

贝斯和盖斯勒，是 1960 年费城一家电视公司的制作人。他们发现录影带比影片具有更强的市场适应性，他们并非一流的制作专家，但他们决定开创自己的事业。他们成立了一家

心态的力量

录影公司，由于他们无法制作一流的节目，便决定提供一些其他有价值的服务：他们提供最好的设备和空间给其他制作公司使用。虽然他们很早就进入这一行，但是他们仍然面临着激烈的竞争，为了占有市场，他们不惜与有风险和可能没有付款能力的人签约。公司除了制作一些表演节目，还为录影技术人员提供训练讲座，同时他们还为一些公司，像 IBM、花旗银行提供公司内部通信服务。

贝斯和盖斯勒，并非最先洞察到视讯系统在未来市场上会拥有一片天空的人，但由于他们有要成为这一行的领军人物的信念，所以才果断地制订计划、采取行动、承担风险，创造出一种崭新的服务方式，最终赢得了竞争的优势和主动权。

哈佛大学杰出的心理学教授威廉·詹姆斯曾这样论述信念："信念是任何课程都无法教会的，只能靠你自己去拥有。如果你想做好，你就会做好。若是你想学习，你就会去学习。人只要怀着信念去做事，无论从事的事业多么艰难，你都一定能够获得成功。"

司图尔特·米尔也曾说过："一个有信念的人，所迸发出来的力量，不亚于九十九位仅心存兴趣的人。"这也就是为何信念能开启成功之门的缘故。

信念往往决定了人的未来，也左右着人的现在，所以人一定要坚守正确的信念，坚信自己一定会干出一番事业。

善抓机遇，成功才会如约而至

许多人时常抱怨，自己与幸运无缘。有的人会发牢骚，他们之所以没成功，是因为没有机会，没有人帮助、提携他们；还有些人会说，优秀的人太多了，竞争压力太大。然而，事实真的如此吗？

机遇对于每一个人而言其实都是平等的，只不过并不是每个人都能把握住机遇，获得机遇的青睐。能否抓住机遇取决于是否具有踏实肯干的态度和冷静的头脑。

卡耐基说："我们多数人的毛病是当机会朝我们冲奔而来时，我们兀自闭着眼睛，很少人能够去追寻自己的机会，甚至被机遇绊倒时，还没看见它。"

不要以为机会像一个会到你家里来的客人，等待你开门把它迎接进去；恰恰相反，机会无影无形，无声无息，假如你没有充足的准备，不努力去抓住机遇，也许永远都只能与其擦肩而过，机遇绝对不是等来的。

同样，机遇也不是别人给予的，要靠自己去争取。现实生

心态的力量

活中,很多生活潦倒的人不会对自己窘迫的生活状态感到沮丧,反而坚持努力拼搏,他们的身上具有坚韧的品格,他们很清楚能改变窘境的机遇不是等来的,只能靠自己争取。这样的人往往以"屡战屡败,屡败屡战"的韧性和毅力迎来改变命运的机遇。所以说,成功者不比普通人更有运气,只是比普通人多了坚持到最后的勇气。

巴斯德说:"机遇只钟爱那些有准备的人,如果你没有飞翔的翅膀,十次幸运鸟飞临也会像流星似的在你面前转瞬即逝;而你若时刻准备着,即使九次落空,只要出现一次机会,你就是成功者。"

很多人在机遇来临时根本没有留意,从而与其失之交臂。要知道,机遇会在人大意时跑掉,在人懒惰时消失。相反,有些人会以自己的行动和努力,抓住机遇,紧握幸运女神的双手。

有这样一个"幸运"女孩的故事:

一家大公司招聘会计人员,收到了大量的求职简历。经过初步筛选,公司约了 40 位应聘者到公司进行面试。最终,一位其貌不扬的女孩被录用了。相对于其他应聘者,这位女孩看不出有什么特别之处,而且不是完全符合公司的要求,所以在主管把她介绍给同事后,一位同事告诉她说:"你非常幸运,像你这样的条件,公司一般是不会录用的。"

就这样,这位女孩戴着"幸运"的光环在这家公司工作了两年。直到有一天，董事长的秘书因为怀孕休了产假，她的工作需要立刻有人接手。公司里的人都知道，董事长脾气不好，而且有不少的个人习惯，一般的秘书很难让他满意，所以大家一致认为可能得过一段时间，才能定下来秘书的人选。没想到，人事部很快发布委任令，选中那位"幸运"的女孩担任董事长秘书。于是，大家再一次认为，这女孩真够幸运的。

但是，这位女孩的好运气并没有到此结束。由于公司与国外许多公司进行合作，经常会和外国公司的高级主管接触，其中有一位华侨，是非常重要的合作公司的高级主管。这位华侨中文讲得很流利，每次到中国时，都喜欢下国际象棋消遣，刚巧公司又只有这位女孩会下国际象棋，于是两人在工作中认识，在棋艺交流中渐渐滋生情愫，最后缔结良缘，之后她自然更加受到公司的重视。

在婚礼上，同事们实在按捺不住，想请女孩稍微透露一下联络"幸运之神"的秘诀。新娘子微笑地告诉大家："这世上根本就不存在所谓的幸运。我的一切都来自于我的责任心和努力。当初去公司应聘的那一天，我早早地来到公司，在大家没有上班之前就在门口等待。之所以这么做，是因为我不知道公司负责面试的主管是谁，如果我面试之前和到公司上班的所有员工亲切地打声招呼，那么这里一定也有面试主管，这样我便能给其留下好印象。我问候的对象也包括了你们，但你们也许不记得了。"

心态的力量

同事们试着回想当时的情景，好像是有那么回事，但却说："你故意这么做，不见得保证就会被录用啊。我们还是觉得，你比较幸运。"

女孩一笑，继续说："我当初接到面试通知后，就马上去查阅公司的资料，包括成立背景、经营团队、财务状况、产品走向、市场布局以及最新的新闻等，以便有充分的了解。这样一来，当其他面试者还在关心能否通过面试时，我已经做好了随时上班的准备，这自然能提高我被录用的机会。我之所以能接任秘书，也不是我比别人幸运，而是平时我花了很多的心力去观察、记录公司中每一个重要人物的工作习惯。我知道前任秘书每天早上会替董事长泡一杯咖啡，加两块糖和一匙鲜奶油。到了下午两点，换成薰衣草茶包，一定要法国原装进口的才行。如果董事长情绪不好，要马上递上一条冰毛巾。"

听到这里，众人已经明白了："照这么说来，你有可能不是原来就会下国际象棋，而是临时突击学会的，对不对？"

女孩又是一笑："当他第一次来公司的时候，我注意到他有空时会一个人下国际象棋，这引起了我的好奇。后来，当他第二次来的时候，我对国际象棋已经了解了不少，在下过几次棋之后我们变成了好朋友。不过当时我只是想通过这样的方式来使工作往来更为融洽。如果说这整个过程中有你们所说的幸运的部分，大概就是指他对我的爱了。但我也必须说我的幸运来自于我的努力和我的责任心，当我越努力越有责任心时，也就越幸运。"

原来，这位"幸运"女孩的成功秘诀，就是不管是工作还是生活，努力去做和尽心尽力地去做，幸运与机遇才会接踵而至。

史泰龙的故事，也正是这种以自己的不懈努力抓住机遇而成功的真实写照：

史泰龙的父亲是一个赌徒，母亲是一个酒鬼。这样的家庭环境，使史泰龙无法接受到良好的教育。

高中辍学后，他便在街头当混混。直到他 20 岁的时候，一件偶然的事刺激了他，使他醒悟反思："我不能这样生活，如果这样下去，我和自己的父母岂不是一样吗？不行，我一定要成功！"

史泰龙下定决心，要走一条与父母迥然不同的路。但是要从哪里开始努力呢？从政？经商？……最后他想到了当演员——当演员不需要过去的清名，不需要文凭，更不需要本钱，如果一旦成功，却能名利双收。可他又不具备做演员的条件，长相就难以过关，又没接受过专业训练，没有经验。然而，"一定要成功"的信念促使他认为，这是他今生今世唯一出头的机会。

于是，他来到好莱坞，找明星、找导演，向一切可能使他成为演员的人请求。他一次又一次被拒绝了，但他并不气馁，也没有放弃任何可以争取到的机会，可是不幸得很，两年来他遭受到上千次拒绝。

心态的力量

他独自一人失声痛哭。后来他想到，既然不能直接成功，能否换一种方法。他想出了一个"迂回前进"的方法：先写剧本，待剧本被导演看中后，再要求当演员。幸好那时的他已经不是刚来时的"门外汉"了：两年多耳濡目染，他已经具备了写电影剧本的基础知识。

一年后，剧本写出来了，他又拿去遍访各位导演，"这个剧本怎么样，让我当男主角吧！"

然而，导演们普遍的反映是，剧本还可以，但让他当男主角，简直是天大的玩笑。他再一次被拒绝了。

他不断对自己说："我一定要成功，也许下次就行！"在他一共遭到1300多次拒绝后的一天，一个曾拒绝过他几十次的导演对他说："我不知道你能否演好，但我被你的执着精神所感动。我可以给你一次机会，但我要把你的剧本改成电视连续剧，同时，先拍一集，就让你当男主角，看看效果再说。如果效果不好，你便从此断绝这个念头吧！"机会来之不易，他不敢有丝毫懈怠，只能全身心投入。他主演的第一集电视剧创下了当时全美最高收视纪录——他成功了！

史泰龙的意志、恒心与持久力都是令人惊叹的。如果当初他只是"想"成功，在茶余饭后做做明星梦而不行动，那样就不会拼尽全力寻找机遇。

很多人并不缺少智慧，也不缺少梦想和计划，缺少的是积极的行动，所以当机遇向他们走来时，他们却视而不见，充耳不闻，与机遇失之交臂。为什么？因为他们没有准备好，根本没有注意到机遇已经来临。一个不在乎机遇的人，机遇又怎么可能会青睐于他呢？

只是等待机遇的来临往往会一无所获，甚至可以说，那是对宝贵时光的一种浪费和不负责任。因此，别去抱怨为什么总是交不到好运，应该问你自己，你抓住机遇了吗？

历史上很多杰出的人都是凭借敏锐的判断力和及时把握机遇的能力而获得成功的。被誉为"钢铁大王"的安德鲁·卡内基就是这方面的杰出代表人物之一。

1865 年，美国南北战争宣告结束。北方工业资产阶级战胜了南方种植园主，但林肯总统被刺身亡，全美国沉浸在欢乐与悲痛之中——既为美国统一而欢欣鼓舞，又因失去了一位可敬的总统而无限悲恸。后来的美国钢铁巨头卡内基却从战争的结束中看到了商机。他预料到，战争结束之后，经济必然复苏，经济建设对于钢铁的需求量会与日俱增。

于是，他义无反顾地辞去铁路部门报酬优厚的工作，合并由他主持的两大钢铁公司——都市钢铁公司和独眼巨人钢铁公司，创立了联合制铁公司。同时，卡内基让弟弟汤姆创立匹兹堡火车头制造公司和经营苏必略铁矿。

上天赋予了卡内基绝好的机会。

心态的力量

美国击败了墨西哥，夺取了加利福尼亚州，决定在那里建造一条铁路；同时，美国规划修建横贯大陆的铁路。当时几乎没有什么比投资铁路更加赚钱的了。联邦政府与议会首先核准联合太平洋铁路，再以它所建造的铁路为中心线，核准另外三条横贯大陆的铁路线开工。

但一切远非如此简单，铁路建设申请纷至沓来，竟达数十条之多，美洲大陆的铁路革命时代即将来临。

不久，卡内基向钢铁领域发起"进攻"。

在联合制铁厂里，矗立起一座225米高的熔矿炉，这是当时世界上最大的熔矿炉。对它的建造，投资者都感到提心吊胆，生怕将本钱赔进去后根本不能获利。

但卡内基的努力让这些人的担心成为杞人忧天，他聘请化学专家驻厂，检验买进的矿石、灰石和焦炭的品质，使产品、零件及原材料的检测系统化。

在当时，从原料的购入到产品的卖出，往往很混乱，直到结账时才能知道盈亏状况，经营方式不太科学。卡内基在经营方式上大力改造，提出了各层次职责分明的高效率的概念，使生产力水平大大提高。同时，卡内基买下了英国道兹工程师"兄弟钢铁制造"专利，又买下了"焦炭洗涤还原法"的专利。他这一做法不乏先见之明，否则，卡内基的钢铁事业就会在不久的大萧条中成为牺牲品。

1873 年，经济大萧条不期而至。银行倒闭、证券交易所关门，各地的铁路工程支付款突然被中断，现场施工戛然而止，铁矿山及煤山相继歇业，匹兹堡的炉火也熄灭了。

卡内基断言："只有在经济萧条的年代，才能以便宜的价格买到钢铁厂的建材，人工成本也相应便宜。其他钢铁公司相继倒闭，向钢铁挑战的东部企业家也已鸣金收兵。这正是千载难逢的好机会，绝不可以失之交臂。"

在最困难的经济情况下，卡内基一反常人的做法，打算建造一座钢铁制造厂。在卡内基的劝说下，股东们同意发行公司债券，工程进度比预定的时间稍为落后。1875 年 8 月 6 日，卡内基收到第一个订单：2000 支钢轨。熔炉点燃了。

1890 年，卡内基兼并了狄克仙钢铁公司之后，一举将资金增加到 2500 万美元，公司名称也改为卡内基钢铁公司。不久之后，公司又更名为 US 钢铁企业集团。

卡内基可说是具有超常的独立思考和判断能力。他目光敏锐、魄力超人，最终拥有了比别人更多的机会，赢得了比别人更多的财富。

20 世纪 60 年代末，美国宇航员登上月球，揭开了人类航天史上崭新的一页。最初，政府对于登月的真相准备保密，人们将无法看到这一人类的壮举。后来，美国政府突然决定向全世界转播登月实况。这条消息在各大报纸上只是作为一

心态的力量

般新闻加以报道。欧洲人、美国人当时都没有想到转播登月实况有什么生意可以赚到巨额利润。然而聪明的日本人却想：人们竞相看登月，不正是我们卖电视机的大好机会吗？一家日本电视机厂首先打出广告："看人类最伟大的壮举，用××牌电视机看最清晰！"这一下立即引起连锁反应，全日本电视机厂商都加入了这场广告大战。然后美国、欧洲商人也被惊醒，纷纷参加竞争："人生难得一看的壮举，请用××电视机欣赏。"人类登月给电视机经营者提供了绝好的成功机会，仅卖电视机一项，就取得了巨大的经济效益，在日本，一个月就销售了500多万台黑白电视机和280多万台彩色电视机。

美国的一位百万富翁说："看到机遇如果不加以利用，机遇是不会自动转化为钞票的。简单地说，你必须能够看到它，然后你必须依靠自己的头脑抓住它。"也就是说，抓住了成功的机遇，会有完全不同的结果。一个人必须要有远见，只有这样才能及时抓住机遇，利用机遇。下面我们归纳一些把握机遇、利用机遇的方法。

一、认识机遇

在生活中，到处都有机遇。运动场上，抓住机遇，则金牌垂胸；疆场对阵，抓住机遇，则赢得战机。国际知名管理学家哈洛尔德·康茨和西里尔·奥登纳尔在其颇有影响的著作《管

理学精华》中特别强调要"认识机遇"，并指出："认识机遇
是规划的真正出发点。"

现代社会处于一个充满机遇的时代。认识机遇，学会抓住机
遇，是现实生活中的重大命题，也是取得成功应该研究的重要课题。

二、看准时机

美国学者阿瑟·戈森曾问著名演员查尔斯·科伯恩："一
个人如果想要在生活中获得成功，需要的是什么？大脑？精力？
还是教育？"

查尔斯摇摇头说："这些东西都可以帮助你成功。但是我觉
得有一件事更为重要，那就是看准时机。"他解释说："演员在
舞台上，是行动——或者按兵不动，是说话——或者缄默不语，
都要看准时机。舞台上，每个演员都知道，把握时机是获得演出
成功最重要的因素。我相信，在生活中它也是个关键。如果你懂
得审时度势，那么你在婚姻、工作以及人际关系上，就不必去刻
意追求幸福和成功，因为它们都会自动找上门来的！"

三、抓住时机

要有大发展，就要善于抓住时机。哲学家培根说过："造
成一个人幸运的，恰是他自己。"只有抓住时机，才能有获得
成功的那一天。

四、把握时机

在人生的旅途上，一次偶然的机会，可能导致伟大而深刻

心态的力量

的发现，使科学家因此成名；可能使有的人大展才华，干出一番惊天动地的事业，从而名垂青史。甚至一次意外的"事变"，也可能会影响一个人的职业或其他生涯，成为他事业发展的重大转机……凡此种种，在实际生活中都是常有的现象。

时机有时转瞬即逝，但经过个人的努力，时机是可以把握的。美国有位学者曾通过对奥林匹克运动员、总经理、宇航员、政府首脑以及其他获得成功者的多年探访，他发现，成功者不全是因为优越的环境、具有高智商、受过良好教育，同样也不是一时走运，他们大多都对自己的行为负责，他们善于把握住时机，能认识到自己的才能，敢于追求自己的目标，敢于迎接挑战，适应生活。

五、创造时机

亚历山大在攻克了敌人的一座城市之后，有人问他："假使有机会，你想不想把第二个城市攻占了？"

"什么？"他怒吼起来，"我不需要机会！我可以制造机会！"

"没有机会"是平庸者的借口。努力进取的人总是善于从平凡中发现机会，从而巧妙地利用机会，帮助自己获得更大的成功。

成功的人生没有止境

　　人生就好像攀登高峰。有些人攀登到一定的高度，就认为自己再无法突破，于是顺着原路一步步走下去。也有些人，抬头远眺，然后接着向上攀登。

　　成功的人生是没有止境的，人们要做的就是不断超越自我。那些因为获得一两次成功就沾沾自喜的人，常常无法超越自己现有的成就，也就做不出新的成绩。

　　你可以去问任何一个成功的企业家："你打算何时退休呢？""你觉得产品的第几代是终结版呢？"他们或者摇摇头，或者微笑一下，或者直截了当地告诉你，自己从来没想过这个问题，只要继续走下去就是了。而走下去，就是要保持挑战自我、超越自我的勇气。

　　爱迪生常说："人生需要时常都有收获，决不能一生就收获一次。"爱迪生 21 岁时发明了投票计数机，获得了生平第一个专利，发了一笔财。但爱迪生没有停下来享受荣誉，他继续马不停蹄、夜以继日地开始了更伟大的研究。他研制电灯经历

心态的力量

了 1300 多次的失败，研制摄影机用了 5 年的时间。如果算上他 16 岁那年发明的自动定时发报机的话，爱迪生一生共有 1000 多项发明，几乎平均每过 12 天就会有一项新发明诞生。

大多数画家在有了一种适合于自己的绘画风格后，就不再追求改变了，当他们的作品得到人们的赞赏时更是这样。但毕加索却不是这样，他永不满足于现状，总是寻找新的思路和手法来表现他的艺术感受。他在 90 岁高龄开始画新的画时，对世界上的事物就像第一次看到一样。

对于甲骨文公司的创始人拉里·埃利森来说，挑战自我极限是他最大的乐趣。他在 32 岁之前还是个默默无闻的人，然而 32 岁之后他却成为世界上仅次于比尔·盖茨的第二富有的 CEO。他还是世界上唯一以喷气式战斗机作为自己的私人飞机的超级富豪，还曾亲自驾驶自己的帆船参加悉尼国际帆船赛，连续行驶两天三夜，最终夺得冠军。拉里·埃利森说："我们对自己的极限总是抱有无穷的好奇心。对我而言，软件行业是个艰难的考验。因为这是一次更高水准的竞技游戏，而且游戏中的对手很多，所以玩起来更有趣、更刺激。"

埃利森在 1977 年创办自己的公司的时候，大胆地将企业的产品定义为还没有人尝试过的关系数据库产品。那时大多数人认为关系数据库不会有商业价值，因为速度太慢，不可能满足处理大规模数据或者大量用户存取数据。结果，美国中央情报局对这种产品很感兴趣，并向埃利森提供资金，让他们推出这种独创性的数据库产品，使埃利森做成了几笔至关重要的生意。此后，埃利森和他的团队一鼓作气，研究他人看不到的潜在市场，并成功地让产品成为了公司获取利润的源泉。

挑战自我极限，需要具备面对失败时自我纠错、重新崛起的能力。在甲骨文公司初创时期，公司规模并不大，对埃利森来说，管理不是什么大问题。但在1986年甲骨文公司上市以后，公司的快速发展使管理成为一个急需解决的问题。埃利森选招了工程师出身的沃克出任首席财务官，他凭着经验和自己的喜好去任用人的做法让公司走上了危险的道路，再加上销售负责人肯尼迪错误的承诺带来的大批应收账款问题，1991年公司几乎处于破产状态。

拉里·埃利森后来任用了财务经验丰富的罗恩·沃尔，解决了公司的资金问题，又选择了管理才能出色的雷·莱思作为自己的搭档。到1994年，甲骨文公司在残酷的数据库竞争中脱颖而出，逐渐成长、成熟并壮大起来。而作为一个勇敢的领导人，埃利森从失败中站起来，并使自己做正确的决策。

拉里·埃利森坚信拥有普通技术和一流市场能力的公司会打败拥有一流技术但拥有普通市场能力的公司。他到处宣讲公司产品的特性和关系数据库的概念，也正因为以市场为先导的策略，使他抓住了很多机会，使公司总是能领先别人一步甚至几步。

心态的力量

埃利森曾连续多年向微软和比尔·盖茨"下战书",在 2000 年 4 月 28 日,甲骨文公司的市值一度超过了微软,使埃利森第一次登上了世界首富的宝座。虽然他的胜利非常短暂,不过他有足够的信心和远见战胜微软,他坚信基于数据库的互联网才是计算机的未来。

有人称埃利森是唯一一个在大型机时代创建了企业,并把它带入了客户机 / 服务器时代,之后又把它带进互联网时代的技术公司的首席执行官。时至今日,埃利森领导的甲骨文公司已成长为美国最重要的高科技公司之一。

试想,如果埃利森没有创办公司,凭借他的技术能力以及对技术的狂热,他应该能在硅谷成为一个才能卓越的技术人员。然而,对于一个喜欢挑战极限的人来说,成功是没有止境的,而不断地超越自我是他人生中的目标。

人是要成长的,为了实现自己的梦想,我们需要做的就是一次次地起跳,不断地突破人生的高度。

福特在决定制造著名的"V8"型汽车时,要求工程师们在一个引擎上铸造 8 个完整的汽缸,这是史无前例的,所以每一个工程师都在摇头——"这是不可能的"。然而这些工程师也知道,如果不按福特说的做就会失业,所以他们硬着头皮开始了研制。实际上,他们并没有信心完成这个任务,因而他们身上的创造潜能也没有被激发出来。这样过了半年,工作一点进展也没有。福特开始寻找新的工程师来完成这项研制工作。经过反复筛选，他选择了几个对研制充满信心而且也肯挑战自我的人。

正如福特所料，新来的人经过反复研究和实践，终于找到了制造"V8"型汽车的关键点，把"不可能"变成了"可能"。福特公司成为历史上第一家成功铸造出整体 V8 发动机缸体的公司。

艾摩斯·帕立舒被公认为是百货业最伟大的推销员，他每年在纽约大都会饭店举办例行演讲时，偌大的会场总是挤满了全国各百货公司的经理，大家屏息敛气地聆听他分析市场概况和发展趋势。但他从没有认为自己已完成了一切。他永远在"起跳"，一生都在向更高的目标挑战。直到晚年，他的头脑仍旧十分敏锐，不断产生出人意料的新构思。甚至在他 94 岁逝世的前两天，他仍一如既往地对人说："我又有了新的构想，这是个非常美妙的构想呢。"

人生的高度没有定数，在这个世界上，只有你主动放弃的理想，没有不可抵达的高峰。所以，保持成长的热情，不断尝试去"起跳"，就能突破一个又一个高度，直到触及你的梦想。

激发潜能，勇者无敌

你真正了解自己的能力吗？也许在某个偶然的机会得到意外的收获后，你会突然发现：原来我还可以做这个。人的潜能就像等待开采的宝矿，很多人总认为自己这也不行，那也不行，其实是没有发现自己潜在的才能。其实，每个人只要肯发掘，就可能会对自己有新的发现。

每个人的身上都有着巨大的潜能，这已经不是什么新鲜话题了。科学研究早就发现，如果一个人能发挥出自己一小半的潜能，就可以轻易学会 40 种语言，记住整套百科全书，获得十多个博士学位。也许你会觉得这有些不可思议，但人的大脑的确像一个沉睡的巨人，从生至死，很多普通人只用了不到 1% 的脑力。

这让人联想到一个故事：

有位老人在自己的土地上挖掘出大量的石油，一夜暴富。穷苦了大半辈子的他，马上买了一辆凯迪拉克高级轿车。这辆车堪称当时款式最新、马力最强的车型，但老人却完全没有真正地驾驶过它，因为在这辆气派非凡的汽车前面，老人安排了两匹马儿负责拉车，即使机械师再三保证汽车本身的引擎完全正常，但是老人却从没想过要用钥匙激活引擎！

事实上，许多人的一生也是这样度过的。他们只知道车外那两匹马的力量，却不知道小小钥匙——这个车内的引擎的力量足足有一百匹马力之强。他们没有认真分析和了解自己，也没有真正开发自己的潜能。正如一位心理学家所说："人类本身具备的能力，我们往往只发挥了2%~5%。"

爱迪生曾经说："如果我们做出所有我们能做的事情，我们毫无疑问地会使自己大吃一惊。"

所以，不必总是担心自己"不行"，担心自己"无法胜任"工作。我们身上蕴藏的巨大潜能并不比那些成功者少，只要你敢于挑战自己，总会有所收获。一个做事不肯用心的人，即便有着巨大的潜能也只能任由它沉睡。反之，如果你肯努力做事，开发自身潜能，便能取得令自己惊讶的成就。

尼亚加拉大瀑布在过去好几千年的岁月里，始终有上万吨的水从180英尺的高处倾泻至深渊中。有一天，有人实行了一项伟大的计划，他让部分落下的水流经过一个特殊装置，进而使之产生强大的电力。从此以后，这种新能源为人们的生活带来了诸多便利，甚至推动了工业的发展。也就是说，只有当人们发现并利用瀑布的能量后，瀑布的水力潜能才真正发挥了出

心态的力量

来，而不至于白白浪费。

你或许在报纸上看过这样的新闻：某人在危急时刻迸发出巨大潜能，从而创造了奇迹。为什么会有这样的事情发生？因为人在遇到危急情况之时，心智和精神自然而然会集中到某一个点上，从而便可能引发潜在的力量。所以，只要你能把所有的心思都集中于某件事上，你的潜能就有了被唤醒的可能。

人脑与生俱来就有记忆、学习与创造的巨大潜力，你的大脑也一样，而且潜力比你所能想象的还要大得多。

有关学者发现了一种"摩西老母效应"。许多人到了垂暮之年，忽然发现自己有这样或那样的能力。这种能力过去从未被发现，只有到了老年，才"派上用场"。这些人和那些徒有这种本领而不得其用最后抱恨终生的人相比要强得多。美国著名艺术家摩西老母在她的晚年，发现自己有惊人的艺术才能。后来，专家把她当作范例，解释这类现象，并将类似现象称之为"摩西老母效应"。

与此相提并论的还有"短路理论"。"短路理论"是指，如果我们不去唤醒我们的潜在能力，这些能力就会自我毁灭。这和一句体育界的行话相似——"不用，就会失去"。一名运动员如果不坚持锻炼，肌肉就会萎缩，而这种萎缩程度之大，足可以损害身体。

如果你不断地挖掘你的潜在功能，你的力量将超乎想象。

让我们来看一个小故事，初步体会一下这种不可思议的力量。

在一家农场，有一辆轻型卡车，农夫的儿子年仅14岁，对开车很感兴趣，一有机会就到车上去学一会儿，没过多久，他就初步掌握了驾车的技能。有一天儿子将车开出了农场大院。突然间，农夫看到车子翻到水沟里去了，他大为惊慌，急忙跑到出事地点。他看到沟里有水，而他的儿子被压在车子下面，躺在那里，只有头的一部分露出水面。这位农夫并不高大，也不是很强壮，但他毫不犹豫地跳进水沟，双手伸到车下，把车子抬高，让另一位来援助的农夫把儿子从车下救了出来。事后，农夫觉得很奇怪，自己一个人怎么就把汽车抬起来了呢？出于好奇，他又试了一次，结果根本就抬不动那辆车子。

此事说明，农夫在危机情况下，产生了一种超常的力量。这种力量从何而来呢？专家的解释是，身体机能对紧急状况产生反应时，肾上腺就分泌出大量激素，传到整个身体，产生额外的能量。另外，农夫在危急情况下产生的超常的力量，并不仅仅是肉体反应，它还涉及心智与精神的力量。当他看到自己的儿子被压在车下时，他的第一反应就是去救儿子，一心只想把压着儿子的卡车抬起来，正是这种力量，使他的潜能得到了超常发挥。这说明，潜力是需要有效地激发才会彻底地显现出来的。

除此之外，人自身还有很多至今都无法完全揭示的现象和

心态的力量

能力，比如"心灵感应"。

《纽约时报》刊出一篇社论，报道杜克大学的莱因教授和他的同事，从数十万次实验中验证了"心灵感应"是否存在的问题。

莱因教授通过实验认为，"心灵感应"存在的可能性极大。每个接受试验的人，都被要求在一副牌里说出有什么牌。不许他们看牌，也不许用其他的感官接触这些牌。结果发现，约有男女60人，能够正确地说出许多张牌。他们若是碰运气瞎猜，绝没有千亿分之一猜中的机会。那么他们是如何做到的？

莱茵认为，"心灵感应"事实上是同一种力量使然。也就是说，能够"看得见"扣在桌子上某张牌的能力和能够"知道"别人心思的能力，似乎是完全一样的。有几点论据可以证明这个观点。例如，到目前为止，发现凡是有其中一种能力者，必有另一种能力，而这两种能力的强度几乎完全相等。帘子、墙壁、距高等均不能阻碍这些能力。莱因由此得出结论，其他的超感觉经验、先知的梦、灾祸的预感等"前兆"，也许可以证明为同一种能力的组成部分。虽然这种能力不是所有人都具备，但是仍旧可以说明人类潜力的无限性和不可捉摸性。

我们也许无法得知自己有多大潜能，但是发掘潜能的能力却是可以自我掌握的。一个人要想实现自己的人生目标，干出一番惊天动地的事业，须在树立自信、明确目标的基础上，进一步调整心态，开发潜能。

一位经理去拜会成功学大师拿破仑·希尔。这位经理负责的是一个大规模的零售部门。"我很苦恼，"他对大师说，"我恐怕会失去工作了，我有预感，离开这家公司的日子肯定不远了。"

拿破仑·希尔问："为什么呢？"

经理回答说："统计资料对我不利。我的这个部门销售业绩比去年降低了7％，而全公司的销售额却增加了65％。商品部经理也责备我跟不上公司的进度。我已经丧失了控制局面的能力，我的助理也感觉出来了，其他的主管也觉察到我正在走下坡路。我觉得自己已无能为力，我很害怕，但是我仍希望会有转机。"

拿破仑·希尔反问："仅仅是希望还不够吧？"没等对方回答，希尔又接着问："为什么不采取行动来实现你的愿望呢？做你现在最应该做的事情，找出营业额下降的原因，想办法提高销售人员的热情……另外还要让你的助理打起精神，你自己也要振奋精神，要用你的自信心来感染周围的人。当然，你也可以留意更好的工作机会。因为，在你采取积极的改进措施、提高销售额后，依然不一定能保住工作。骑驴找马，总比失业了再找工作要容易十倍。"

过了一段时间后，这位经理打电话给希尔说："上次见过你以后，我就开始努力提高自己的能力，同时也在改变我下面推销

心态的力量

员的状态。我现在每天开早会。我的推销员们又充满了干劲，他们看我有心改革，也愿意更努力。如今成果出现了，我们上周的周营业额比去年同期高，而且比所有部门的平均业绩也好得多。"

无独有偶，苹果公司的一位工程师也曾讲过一件事。有一次，在设计一款电脑时，乔布斯秉着用户体验至上的原则，要求用小一点的机箱，这样用户看着舒服，但技术人员认为，要把所有的元器件都塞入这"理想"的机箱里，恐怕没有人能够做到。但在乔布斯的坚持下，他们殚精竭虑，还是把"不可能"变成了"可能"。

有人认为，乔布斯的过人之处，就是能把人的潜能给激发出来。他总是能够使别人相信他的那些看似荒唐的想法，并督促人完成看似不可能完成的任务。于是那些优秀的人可以忍受他的狂傲自大，忍受他苛刻的要求，心甘情愿与他一起完成一些看似完不成的工作。苹果公司一系列划时代的创新产品，就是在一次次打破"不可能"中完成的。乔布斯本人是怎么看待这一切的呢？他说："我相信最终是工作在激发人们的潜能，有时我希望是我来推动他们，但其实不是，我发现推动他们的是工作本身。"

确实如此，这世上没有任何人能真正激发出你的潜能，除了你自己。你对工作如果缺乏信心，没有勇气，那么再厉害的"鞭子"也不能唤醒你身上沉睡的潜能。

勇气是什么？勇气就是不屈不挠的精神，敢作敢为的魄力，而成功者都是凭借勇气、信念取得成功的。勇气是激发潜力的最好方法，人只有拥有勇气才能把恐惧扼杀在摇篮里，才能战胜恐惧。

不管我们追求的是什么样的目标，是大是小，奋斗本身就是与一切困难做斗争，在这个过程中，只有具有勇气和信念，才能最终取得成功。因为有了勇气和信念，就会不怕风险和失败，就会勇敢而坚强，能够在可能的前提下做多样的尝试并发现自己的能力，取得最终的胜利。

发掘自己的无限潜能，这是不变的人生追求之一。一旦你勇敢地开发自己的潜能，新的大门将为你开启，你将登上成功的巅峰。

带着梦想去冒险

有时候，阻碍人们成功的，不是能力不够，而是自身的能力被环境或局面所限。这时候，如果顽固不化不知变通，只能是原地踏步。所以，敢于冒险对于取得成功也很重要。

阳光下，一群饥渴的鳄鱼陷身于快要干涸的池塘中。面对这种情形，只有一只小鳄鱼起身离开了池塘，它尝试着去寻找新的适宜生存的绿洲。日子一天天过去，塘中之水愈来愈少，最强壮的鳄鱼开始不断地吞噬身边的同类，苟且幸存的鳄鱼看来是难逃被吞食的命运，然而却不见有鳄鱼离开。直到有一天，池塘完全干涸了，唯一的大鳄鱼也耐不住饥渴而死去了。然而，那只勇敢的小鳄鱼经过多天的跋涉，幸运的它竟然没死在半途中，而是在干旱的大地上，找到了一处水草丰美的绿洲，获得了新生。

试想，若不是小鳄鱼勇于尝试，寻求新的出路，那它也难逃丧生池塘的厄运；而其他的鳄鱼，如果它们不安于现状，而去寻找另外的栖息地，也不会白白送了性命。由此可见，敢于冒险，有时生死攸关。

有人说人生是一段冒险的旅程，有惊险，也会有惊喜。当然，很多人不是为了寻找刺激和新奇去尝试冒险，冒险的目的是为了让人生变得更有意义。带上梦想去冒险，要不怕失败，要敢于打破常规。

冒险精神常体现在创业过程中。当然，这里说的冒险并不是像赌徒那样，完全把宝押在运气上。冒险不是靠碰运气，而是靠理智。倘若一点可能性也没有，就冒失轻率地采取行动，这就不是冒险，而是盲动，盲动的结果有时会直接导致失败。而冒险是建立在科学分析、理智思考和周密准备的基础之上。

英国人威廉·菲利浦是著名的罗曼拜家族的创始人，他与理查德·福勒齐名。年轻时，威廉是一个牧羊人，生活虽然比较清苦，日子却过得稳定而平静。但是，威廉身上具有的敢闯荡的个性以及那颗永不安定的心时时提醒他：眼前的生活不是自己的理想，激情与冒险才是自己想要的。

威廉后来决定放弃目前的工作和生活，立志成为一名航海家去周游世界。他打算先从一名搏击风浪的海员做起。这个决定一经做出，立刻招致家人强烈的反对，他们认为稳定和平静是上帝的恩赐，违背神的意愿而去冒险，必将招致天谴。可是，威廉却下定决心，要挑战自己的命运，改变自己的生活。

为了实现自己的理想，威廉开始利用一切闲暇时间刻苦攻读相关的知识，钻研技术，并开始造船。

一天，威廉无意中听说一只载有大量金银珠宝的西班牙船只在巴哈马失事了。这一消息极大地刺激了他的冒险精神，他立刻与一个可靠的伙计驾船前往巴哈马。他们发现了这只船，打捞了许多货物，

心态的力量

但是钱财很少，尽管如此，这次经历大大增强了他创业的胆量和信心。后来，有人告诉他，半个多世纪以前，有一只满载金银财宝的船在普拉塔这个地方遇难沉没，威廉当即决定打捞那些稀世珍宝。

在英国政府的帮助下，威廉率船安全抵达那个地方，开始了艰苦的搜寻工作。可是，几周过去，除了打捞上来不少海藻、卵石和碎片外，他们一无所获。

威廉别无他策，只好靠募捐来收集必需的钱财，这招致了很多人的嘲笑，他们称他是高级的"叫花子"，但威廉对此不予理睬，他软磨硬泡，终于有了启动资金。在此后长达四年的时间之中，他不厌其烦地向有影响力的大人物宣讲自己的伟大计划，劝说他们资助他，最终他终于成功了——威廉打捞上来的珠宝价值30万英镑。为了嘉奖威廉勇敢的行为和诚信的品格，国王授予他"爵士"称号，并任命他为新英格兰郡长。

纵观威廉传奇的一生，正是激情和冒险改变了他的命运。冒险有时是成功的开始，对于一个对什么都没有激情而安于现状的人来说，冒险有时是唯一可以拯救他的东西；而对于一个小有成就的人来说，冒险有时会使他取得更大的成就。

敢于冒险的行为不是朝夕之间就有的。但是只要你愿意挑战自我，改变自我，就能够强化信心，承受更大的风险。下面一些方法和建议可供人参考。

一、清楚地确定目标

集中精力于你想要的，目标越明确，就越清楚哪些风险要承担，哪些风险要回避。

二、设定策略

风险通常会让人有失有得，只是程度不同而已。问问自己，你能承担的损失极限为几何？冒险值不值得？有哪些损失是值得的？这些损失可不可能避免或降低？如果可以的话，把这些通往成功之路所必须付出的代价，当作暂时的挫折和日后的前车之鉴。

三、多方收集信息，提高成功的机会

多方收集信息可以降低失败概率，提高成功的机会。在不花费太多时间或资源的前提下，你可以广泛收集信息。

在请教朋友时最好是请教他们的意见和感受，不要只询问结论或解决方法，以便自己能做出更好的决定。

四、做决定之后果断采取行动

一旦做了决定，你就要全力冲刺，在行动中，有时会犹豫，但不要因此而停滞不动。要有承担风险的准备，而这也是你决定是否冒险、尝试改变要考虑的因素之一，即使结果不一定尽如人意，但你可以从冒险中发现机遇或者获得经验。

五、多检讨自己

如果你的冒险计划失败了，可以把失败的经验转化为下次尝试改变时的前车之鉴。失败为成功之母，只要你能多总结经验，就可避免重蹈覆辙，就会有成功的可能。

追求永无止境

人活着必须要有追求，必须清楚地知道自己想要什么。如果没有追求，没有理想，没有目标，就会迷失自己，失去奋斗的目标。

小时候想当个科学家，长大后想做名律师，退休了想上老年大学……人一生中或许有无数个梦想，也就意味着有无数次想去实现梦想的冲动。实现一个梦想也许需要一年、五年、也许需要一辈子，所以说，追求是没有止境的。

有一个传说，叫鲤鱼跳龙门。鱼都想跳过龙门，因为，只要跳过龙门，它们就会从普普通通的鱼变成超凡脱俗的龙了。

可是，龙门太高，它们一个个累得精疲力竭，摔打得鼻青脸肿，却没有一条鱼能够跳过去。鲤鱼们向龙王请求，让龙王把龙门降低一些。龙王不答应，鲤鱼们就跪在龙王面前不起来。它们跪了九九八十一天，龙王终于被感动了，答应了它们的要求。鲤鱼们一个个轻轻松松地跳过了龙门，兴高采烈地变成了龙。

但是，变成了龙的鲤鱼发现，大家都成了龙，跟大家都不是龙的时候好像并没有什么两样。于是，它们又一起找到龙王，说出自己心中的疑惑。龙王笑道："真正的龙门是不能降低的。你们要想找到真正的龙的感觉，还是去跳那座没有降低高度的龙门吧！"

这个故事告诉我们：超越的意义在于挑战自己的极限，追求永无止境。

每个孩子在年幼的时候，都会主动地学走路，试着自己站立，他们不断跌倒、不断站起、不断试着迈步，终于能够直立行走。然后，对走不满足，又要学习跑，逐渐地长大成人，能跑能跳，能说能写，不断超越自己。而后到了一定的阶段，超越的欲望变得越来越少，很多人由此开始甘心平凡。只有少数人会说："我不要做一个普通人，我要超越，超越自己！"于是在这种强大的自信心和不断努力下，他们将自己提升到了新的高度。

有一个人，到了中年还目不识丁，但后来做了美国西部一个城市法院的法官。这个人从前的职业是一个铁匠，没有接受过正规的教育，而最后当了法官，这是一个大幅度的成功跨越，而这个成功跨越源于他听了一次"教育之价值"的演讲。这个演讲激发了他潜藏的才能和远大的抱负，使他最后成就了一番事业。

这样的事例很多，在我们生活中，你只要细心观察，就会发现很多人都有跟那位法官类似的经历。有些人，直到步入老年，他们的潜能才被激发出来；有些人是由于阅读了富有感染

心态的力量

力的书籍而走上成功之路；有些人由于聆听了鼓舞人心的演讲而从此走上改变命运的道路；有些人是由于朋友真挚的鼓励和帮助而开启了新的人生之门。

美国国务卿康多莉扎·康迪·赖斯9岁那年，父亲带她去华盛顿游玩，并在白宫美国总统的办公桌前拍照留念。9岁的赖斯一脸庄重地对父亲说："总有那么一天，我会在这里面工作的。"

这是一个黑人小女孩在1963年的一个大胆的梦想，尽管赖斯的曾祖父母是黑人奴隶。然而赖斯的梦想在40年后实现了，她真的在白宫拥有了自己的一席之地，并且发挥着举足轻重的作用。美国总统布什骄傲地宣称："国务卿是'美国的脸'，世界将从赖斯身上看到美国的力量——仁慈和风度。"

许多人都希望把自己的梦想变为现实，而这需要做三件事：第一，目标远大且合理；第二，用适合自己的方式方法认真对待，全力以赴；第三，将目标变为现实。

牢记这三件事，然后付出你的真诚、努力和坚持，加油！

将梦想进行到底

　　每个人的心里都有许多五彩的"盒子"，装满了宝物，而放在心里最珍藏的那个就是梦想。当人渴望得到一件东西或做成一件事的时候，潜力就会被激发，就有可能创造奇迹。

　　如果你一定要得到什么，会甘愿为之奋斗，甘愿为之日夜工作，甘愿为之废寝忘食，梦想令其他东西在你眼中黯然失色，为了实现梦想，你坚持不懈，努力去做。如果你乐于为你渴求的东西流汗、焦虑、筹划，不畏惧任何困难，你的眼中就没有任何使人分心的东西；如果你愿意用自己全部的力量、才干和睿智，满怀所有的希望、信念，执着地去追求自己的梦想，那么你一定能得到它！

　　在走向成功的道路上，无论你的梦想有多远，你也不要怕起点低，只要你时刻拥有渴望成功的信念，一步一步往前走，最终一定会有所收获。

　　不断地采取行动是将梦想进行到底，将其转化为现实最重要的步骤。让我们来看个小故事：

心态的力量

一个年轻人曾经问苏格拉底，成功的秘诀是什么。苏格拉底要这个年轻人第二天早晨去河边见他。第二天，他们见面了。苏格拉底让这个年轻人陪他一起向河里走。当河水没到他们的脖子时，苏格拉底趁这个年轻人没注意，一下子把他推入水中。小伙子拼命挣扎，但苏格拉底很强壮，一直把小伙子摁在水里，直到他奄奄一息时，苏格拉底才把他的头拉出水面。而小伙子所做的第一件事情，就是深深地吸了一口气。苏格拉底问："在水里的时候，你最需要什么？"小伙子回答："空气。"苏格拉底说："这就是成功的秘诀。当你渴望成功的欲望像你刚才需要空气的愿望那样强烈的时候，你就会成功。"

你想成为勤奋的人吗？想获得无上的荣誉吗？想拥有无悔的人生吗？请给自己一个奋斗的理由，牢记自己渴望达成的目标。

诺曼·文森特·皮尔曾写过一篇文章——《致好心家长的信》，文中强调了在青年人初次踏入社会时，追求独立的重要性，内容颇值得借鉴：

"亲爱的弗雷德，你在信中求我办的事当然并不麻烦。你的儿子约翰不大喜欢目前的工作，你认为他干其他工作会更顺心一些。你知道一家大公司的总经理是我的朋友，问我是否能给他通个电话，为你的孩子美言几句。

"我对此的最初反应也许正是你所期待的。为什么不呢？我拿起话筒，要给朋友打电话。但是，一个念头突然闪过脑际。

我想起了一只猫。然后我呆呆地放下了电话。

"上星期五，我在街道上看到一个场面。人们放下手里的活，津津有味地往窗外观望。从对面的房子里，主妇的一只波斯猫跑了出来，爬上了几层楼高的壁架。猫沿着壁架一直走到尽头，在那儿被吓呆了。它既不能向前走，又不想退回来，只是坐在那儿，显得孤立无援，哀怜地叫着。主人又是乞求，又是哄骗，又是发誓。后来，主妇叫来了消防队。消防队员架上梯子，总算把猫抱了下来。

"弗雷德，这就是我看过你的信后想起来的事情。我也想到了约翰。我还清楚地记得当他还是个小孩子的时候，就住在路的那一边；后来他跟我的孩子一起长大，最后大学毕业。

"我还记得每当他要做出决定或想实现一个计划时，你总是免不了插手。还记得他打算造木屋那件事吧？你认为太危险，叫他不要干；当他考虑从大学退出一年，自己在社会上闯一闯的时候，你觉得那样做不明智，于是他也就作罢了；还有他想成婚，你认为他还太年轻。现在他干的工作是你帮他找的，对不对？

"你现在又求我帮一帮约翰，那好，我想我只有对你讲一讲这些话才是对他最大的帮助：别再干涉你儿子的生活了。让他长大，做个男子汉，而不是一个 6 英尺高、被无形的围裙带拴住的依赖者。你知道为什么那只波斯猫在壁架上被吓瘫了？

心态的力量

因为它一直被关在屋里庇护起来，以致遇到连最普通的猫也能对付的情况时，就束手无策了。

"这个世界到处都是像约翰这样的孩子：举止文雅、脾气和顺、心地善良，但同时也大多踌躇犹豫、举棋不定以及胆小软弱。我在工作中见过这样的人。他们有时迷惑不解，愤恨不满；有时又麻木不仁，冷漠懒散。为什么他们会变成这个样子呢？

"绝大多数胸无大志的人之所以失败，是因为他们太懒惰了，因而根本不可能取得成功。他们不愿意从事辛苦的工作，不愿意付出代价，不愿意做出必要的努力。他们所希望的只是过一种安逸的生活，尽情地享受现有的一切。

"在他们看来，为什么要去拼命地奋斗、不断地流血流汗呢？为什么不去享受生活并安于现状呢？

"但是身体上的懒惰懈怠、精神上的彷徨冷漠、对一切都放任自流的倾向、总想回避挑战而过一种一劳永逸的生活的心理，所有这一切是使那么多人默默无闻、无所成就的重要原因。

"查斯特·菲尔德爵士说：'我们从来没有听说过有什么懒惰闲散、好逸恶劳的人曾经取得多大的成就。只有那些在实现目标的过程中面对阻碍全力拼搏的人，才有可能达到成功的巅峰，才有可能走到时代的前列。'"

理想和抱负需要精心呵护，需要持久的鼓励，尤其是当我们身处一个不容易激发我们的热情、无法促使我们冲刺新的人生高峰的环境中时，就更是如此。

对那些不甘于平庸的人来说，养成时刻检视自己的习惯，并永远保持高昂的斗志，这是完全有必要的。我们必须让理想的灯塔永远点燃，并使之闪烁出光芒。

当一个人服用了过量的吗啡时，医生知道这时候睡眠对他来说就意味着死亡，因而会想方设法让他保持清醒。有的时候，医生为了达到让病人活下去这个目的必须采用一些非常残忍的手段，比如使劲地捏、掐病人，或者是对他进行重击。总之，医生必须用一切可能的手段来驱逐病人的睡意。而在这种情况下，病人的意志力就起着决定性的作用了。一旦病人意志消沉，陷入睡眠，那么，他很可能就再也不会醒过来了。

上文中诺曼的信实际上是对很多家长永远把孩子放在自己怀中不肯撒手的批评。有一些刚走上工作岗位的年轻人就眼高手低，自认为了不得。

艾得娜·卡尔夫人曾为杜邦公司雇用过数千名员工，现在是美国家庭产品公司的工业关系副总经理，她说："我认为，世界上最大的悲剧就是，有那么多年轻人从来没有发现他们真正想做些什么。我想，一个人若只从他的工作中获得薪水，而其他一无所得，那真是太可怜了。"卡尔夫人说，"甚至有一些大学毕业生跑到我那儿说：'我得到达茅斯大学的文学学士学位（或是康莱尔大学的硕士学位），你公司里有没有适合我

心态的力量

的职位？'这些人不晓得自己能够做些什么，他们开始时野心勃勃，做着玫瑰般的美梦，但干了几年后，仍一事无成，于是痛苦沮丧，甚至精神崩溃。"

事实上，只有把心中的渴望落实到行动中，才能在工作中发挥自己的价值。而这正好符合了苏格兰哲学家喀莱尔的名言："祝福那些找到他们心中渴望而为之工作的人，他们已无须再企求其他的幸福。"

第六章

自动自发地工作、生活

执行力的强弱决定成就的大小

再好的策略，只有执行后才能够显示出价值。所以，一个人要想在激烈的竞争中胜出，就要有强大的执行力。

比尔·盖茨曾经坦言："微软在未来十年内，所面临的挑战就是执行力。"IBM 前总裁路易斯·郭士纳也认为："一个成功的管理者应该具备三个基本特征，即明确的业务核心、卓越的执行力及优秀的领导能力。"思科系统公司是 2000 年全世界股票市值最大的公司，这样一个拥有垄断技术的公司，也认为其核心竞争力是执行力。

执行不是空谈，它是细微而具体的行动，一个人要想在工作中超越别人，就必须更有效率，执行力更强，而这些则要求人一定要在第一时间比别人想得更多、做得更多。

一位老人从东欧来到美国，在曼哈顿的一间餐馆想找点东西吃，他坐在空无一物的餐桌旁，等着有人拿餐盘来为他点菜。但是没有人来，他等了很久，直到有一个女人端着满满的一盘食物过来坐在他的对面。老人问女人这家餐馆怎么没有侍者，

心态的力量

女人告诉他，这是一家自助餐馆。果然，老人看见有许多食物陈列在台子上，排成长长的一行。女人告诉他："从一边开始，你挨个拣你喜欢吃的菜，等你拣完到另一边，他们会告诉你该付多少钱。"

老人说，从此他知道了在美国做事的法则：在这里，人生就是一顿自助餐。只要你愿意行动，你想要什么都可以。但如果你只是一味地等着别人把它拿给你，你将永远也成功不了。所以，你必须自己去行动。

天上不会掉馅饼，一切的事情都不能消极等待，只有动手去做，才能获得最后的成功。如果不行动，即使理想和抱负再远大，也只会是水中月、镜中花。

原微软中国区总裁唐骏，在进入微软的时候是从程序员做起的。在看到了微软 Windows 中文版本发布时间比英文版滞后很长时间后，他并没有像其他程序员那样只是向上级反映，等待上级的处理结果，而是带着解决方案找到了上级。于是，在 3 个月内，唐骏便由普通程序员升为开发经理。

一家 IT 公司的销售部经理也讲述了自己的一段经历来证明执行力的重要性。

有一天，他到一家销售公司商谈关于一款最新的打印设备的销售事宜。这是一款定位为大众化的新品，厂家为争取更大的市场份额，对经销商的让利幅度非常大。这位销售部经理决定同一些信誉与关系都比较好的经销商敲定首批的订量。

　　不巧的是，那家公司的老板不在。当他提起即将推出的新品时，一位负责接待他的员工冷冷地说："老板不在！我们可做不了主！"

　　他正要将销售设想向这位接待人员讲解，试图得到他的理解和回应时，令这位经理失望的是，那个员工根本不听他的解释，还是用那句话搪塞："老板不在！"他没有任何办法，只好来到有业务关系的第二家公司。不巧的是，这家公司的老板也不在。接待他的是一位新来不久的年轻女孩，工作特别有热情。当得知他是来自一家著名的 IT 公司的销售经理的时候，她马上倒了一杯水给他，还主动介绍了自己的情况。

　　这位经理向她说明了来意，她敏锐地感觉到这是一个不错的商机，无论如何不能因为老板不在就让它白白溜走。她主动要求这位经理第二天就为他们公司送货，其他具体事宜等老板回来以后再由老板定夺。

　　就这样，当老板不在的时候，这位女员工用她的热情为她的公司谈成了一桩生意。由于这款产品是独家经营，不到一个月就销售了近 3000 台，为老板净赚了 6 万多元。

　　而第一家公司丧失了很好的商机，等再要求补货的时候，这位经理虽也为他们加了几件货，但此时已经失去了获得厂家促销期的优惠待遇，利润自然大打折扣。

　　第二家公司的老板知道了内情，对他招聘的那位新员工很

心态的力量

满意，不仅在公司全员大会上表扬了她，并且对她进行了物质奖励。

两家公司，只有一家赚钱，而另一家错失良机，是员工的素质决定了不同的结果。第一家公司的员工只习惯于"等待命令"，不会主动去做事。"等待命令"的结果，是效率低下和机会流失。尽管追查起来，员工完全可以借"老板不在"推脱责任，但就个人发展而言，这种消极的工作态度，不仅会给公司带来损失，也使自己得不到很好的发展。

现代社会所需要的人才，不只要具有专业知识、只会埋头苦干的人，更需要积极主动、充满热情善于行动的人。一个优秀的人不会被动地等待别人告诉他应该做什么，而会主动去了解和思考自己要做什么、怎么做，然后全力以赴地去完成，这样的人才能获得老板的器重，才能真正地走向卓越。

可在现实工作中，有许多企业的员工因为种种原因，自动自发意识不够。如此一来，只能令许多宝贵的时间白白浪费掉，使许多成功的机会从身边溜走。

比尔·盖茨说："一个好员工，应该是积极主动地去做事、积极主动去提高自身技能的人。这样的员工，不必依靠管理手段去触发他的主观能动性。"

有位学者由于工作需要，聘请了一名年轻女孩当内勤，替他拆阅、分类信件，薪水与相关工作的人相同。有一天，这位学者口述了一句格言，要求她用打字机记录下来："请记住，你唯一的限制就是你自己脑海中所设的那个限制。"

女孩听完这句话后深受启发。从那天起，她开始晚饭后回到办公室继续工作，不计报酬地干一些并非自己分内的工作。譬如，替学者给读者回信。女孩认真研究学者的语言风格，以至于这些回信和学者写得一样好，有时甚至更好。她坚持这样做，并不在意学者是否注意到自己的努力。后来学者的一个助理因故辞职，女孩自然就担当了这一职位，薪水也提升到原来的四倍。

可见，只有自动自发地采取行动才会产生好的结果。执行力是成功的保证，对人的长远发展相当重要。任何伟大的目标，伟大的计划，如果不付诸行动最终必然落空。如果你想成为一名深受老板喜欢的卓越员工，想在事业上有所发展，那就要有自动自发的行动意识，否则很难有大的发展。

代军是某工业大学机械工程专业的学生，专业知识过硬，脑子十分灵活，常常有一些令人意想不到的好点子冒出来。可惜的是，他只是把自己的想法说出来而已，从来没有亲自动手去实践，因而在同学中落了个"空想设计师"的绰号。

大学毕业后，代军在一家机械制造厂找到了一份机械设计的工作，因为他总能提出一些奇妙而且听起来十分有效的设想和计划，所以深受上司器重。上司总是鼓励代军动手去做，可

心态的力量

代军依旧只是说说而已，从未动手去做过。一来二去，上司对他的印象大打折扣，并且在他再次提出一些设想和计划时，不再予以理睬，最后把代军辞退了。而代军却不知道自己为什么被辞退，心中充满了抱怨。

可见，话说得再好，如果不付诸实践也是空话，并不能结出丰硕的果实。人无论做什么工作，都要能沉下心来，脚踏实地地去做，这样才能做出成绩，成为说得好、干得更好的人。

永远把任务完成在"今天"

一个人要成就一番事业，首先就要学会利用好自己的时间，养成好习惯，当天的任务必须当天完成。时间是人最宝贵的资本，很多人不会合理安排时间，无限制地拖延会造成执行不力，导致任务不能及时完成。

从前，一户人家的菜园里有一块大石头，每次来到菜园的人，不小心都会撞到那块大石头，不是跌倒就是擦伤。

儿子问："爸爸，那块石头老绊倒我们，我们把它挖走吧！"

爸爸回答他说："你所说的那块石头，从你爷爷开始就一直存在了，它的体积那么大，不知道要挖到什么时候，以后走路小心一些就不会被绊倒了。"

过了数年，这块大石头依然留在园子里，这时儿子娶了媳妇，当了爸爸。

有一天媳妇气愤地说："老公，菜园里那块大石头，我们赶紧挖走吧！我今天又被它绊倒了。"

老公回答她说："算了吧！那块大石头要是可以搬走的话，早就搬走了，哪会让它留到现在啊？"

心态的力量

媳妇心里非常不是滋味，那块大石头不知道让她跌倒多少次了。

有一天早上，媳妇带着锄头和一桶水，将整桶水倒在大石头的四周。十几分钟以后，媳妇用锄头把大石头四周的泥土搅松了。结果媳妇只用了几分钟就把石头挖起来，看看大小，这块石头没有想象中那么大，大家都被石头露在土地上的外表蒙骗了。

很多事情并不如我们想象的那样困难，拖延没有任何益处。

有一位爱好文学的人对创作有着浓厚的兴趣，期望自己能很快成为一名大作家。但是一天天过去了，他仍没有动笔开始写作。而另一位成功的作家却一直坚持写作，最终成了作家。

任何时候，人们都应珍惜时间，把任务完成在"今天"，这会让你的生活更加充实。而拖延只会让你既无成果又无收获。

那么，怎样才能把任务完成在"当天"呢？以下是几种有效的方法：

一、把你的生活和工作条理化，制定一个生活、工作、学习时间表，把每一事都按部就班地做好。

二、把"立即行动"当成自己的座右铭，并养成立即行动的习惯。

三、写下已经拖延很久的事情，立即去做。

四、除了休息，不要给时间留下空白。

五、采取"从现在开始做"的态度，认真对待每一件事情。

珍惜时间，管理时间，把更多的时间用在更有效益的地方。这样时间多了，机会就多，从而也更容易取得成功。

不叫一日闲过

时间是我们人生中最宝贵的财富，所以我们要把"万事皆从今日始"当成生活习惯，这样才不辜负自己的人生。

清朝人文嘉曾写过《今日歌》，虽然辞彩一般，但意义非常。《今日歌》中写道：

今日复今日，今日何其少！

今日又不为，此事何时了？

人生百年几今日，今日不为真可惜！

若言姑待明朝至，明朝又有明朝事。

为君聊赋《今日诗》，努力请从今日始。

享誉世界的书画大家齐白石先生，90多岁仍然每天坚持作画，他的口号是："不叫一日闲过。"

有一次，齐白石过生日，他是一代宗师，学生、朋友非常多，许多人都来祝寿，从早到晚客人不断，先生未能作画。第二天，一大早先生就起来了，顾不上吃饭，走进画室，一张又一张地画起来，连画5张，完成了自己规定的一天的"作业"。

心态的力量

后在家人反复催促下，吃过饭后他又继续画起来，家人说："您已经画了 5 张，怎么又画上了？"

他说："昨天生日，客人多，没作画，今天补上昨天的'闲过'呀。"说完又认真地画起来。

齐白石老先生就是这样抓紧每一个"今天"，正因为这样，才有他充实而光辉的一生。

还有一个古老的寓言，讲的是寒号鸟的故事。

在古老的原始森林，阳光明媚，鸟儿欢快地歌唱，辛勤地劳动。有一只寒号鸟，本来有着一身漂亮的羽毛和嘹亮的歌喉，它不劳动，到处游荡卖弄自己的羽毛和嗓子。当它看到别的动物辛勤地劳动，反而大声嘲笑，好心的鸟儿提醒它说："寒号鸟，快垒个窝吧！不然冬天来了怎么过呢？"

寒号鸟轻蔑地说："冬天还早呢？着什么急呢！趁着今天大好时光，快快乐乐地玩玩吧！"

就这样，日复一日，冬天眨眼就到了。鸟儿们晚上都在自己暖和的窝里安详地休息，而寒号鸟却在夜间的寒风里，冻得瑟瑟发抖，用美丽的歌喉悔恨过去，哀叫着："抖落落，抖落落，寒风冻死我，明天就垒窝。"

第二天，太阳出来了，万物苏醒了。沐浴在阳光中，寒号鸟好不得意，完全忘记了昨天晚上的痛苦，又快乐地歌唱起来。

有鸟儿劝它："快垒窝吧！不然晚上又要挨冻了。"

寒号鸟嘲笑对方说："不会享受的家伙。"

夜晚来临了，寒号鸟又重复着昨天晚上一样的故事。就这样重复了几个晚上，大雪突然降临，鸟儿们奇怪寒号鸟怎么不发出叫声了呢？太阳一出来，大家一看，寒号鸟早已被冻死了。

这则寓言，说明了在人的一生中，"今天"是多么重要。而那些总寄希望于明天的人就像寒号鸟一样，一直延迟行动，最后一无所成。所以，只有那些懂得如何利用"今天"的人，才会在"今天"创造成功事业的奠基石，孕育明天的希望。

沉湎于空想等于纸上谈兵

查斯特·菲尔德爵士指出："不论做任何事情，都必须拼命地去做，如果半途而废，倒不如不做来得好。"是的，人最重要的是把全副精神集中在自己所做的事上。当你决定去做某件事情时，就要集中精力，坚持到底。例如，当你在阅读《荷马史诗》时，应将全副精神集中于这部作品上，而如果一边看着书，一边听着音乐，你绝对领悟不到这部作品内容的伟大。

成功好比一把梯子，那些把双手插在口袋里的人永远也爬不上去。制定目标是为了达到目标，目标制定好之后，就要付诸行动去实现它。如果不行动，那么所制定的目标就毫无意义。因此，凡事只要想做就要立即行动。

哈得记得他有一段时期总想碰运气。那时他在夜总会演奏，总是等着"好运气"到来，等待自己被"贵人"发现。哈得一直听人说："只要坚持唱，卖力唱，总有一天会有人给你送来好运气的！"哈得一直等着好运气，可它却始终没来。后来，哈得才明白，原来成功需要创造机会，而不是等待机会。

哈得开始了一项自我发展的计划，他决定再也不去等运气了……他打算自己创造好运。后来哈得真的成功了。

一次，哈得到一所高中演讲，一位年轻的女士在一旁耐心地等待着，直到他签完名，开始对别的学生讲话时，她才问："如果成功不到你这儿来，你怎么办？"

哈得回答说："成功不到你这儿来，那你就到成功那儿去！"有那么一会儿，那位女士似乎有点儿迷惑，接着她眼睛一亮，说道："你的意思是我不应该等待成功！"哈得回答说："是的"。

人取得成功的确有偶然性，但多数不是偶然的，正如一位哲人所说："一个人假如不脚踏实地去采取行动，那么所希望的一切就会落空。"

奥马尔是一个有作为的人。他智慧、稳健、博学，为人们所敬仰。

有一次，一个年轻人问他："您是如何做到这一切的，难道一开始您就已经制订了一生的计划吗？"

奥马尔微笑着说：

"到了现在这个年纪，我才知道制订计划而不行动也是没有用的。当我 20 岁的时候，我对自己说：'我要用 20 岁以后的第一个 10 年学习知识；第二个 10 年去国外旅行；第三个 10 年，我要和一个美丽、漂亮的姑娘结婚，并且生几个孩子。在最后的 10 年里，我将隐居在乡村地区，过着我的隐居生活，思考人生。

"但终于有一天，在前 10 年的第 7 个年头，我发现自己什

心态的力量

么也没有学到，于是我推迟了旅行的安排。在以后的4年时间里，我学习了法律，并且成为这一领域举足轻重的人物，而现今，人们把我当作楷模。这个时候，我想要出去旅行了，这是我心仪已久的愿望。但是各种各样的事情让我无法抽身离开。等到40岁的时候，我开始考虑自己的婚姻了。但我却总是找不到自己以前想象中美丽、漂亮的姑娘。直到62岁的时候，我还是单身一人。那时候，我为自己这么大年纪还想结婚而感到羞愧。于是，我放弃了找到一个老伴并且和她结婚的想法。

"再后来，我想到了最后一个愿望，那就是找一个僻静的地方隐居下来。但是我一直没有找到这样一个地方。这就是我一生的计划，但是目前有很多没有实现，因为我没有积极地采取行动。

"孩子，只要现在想到要做一件事，就马上去做。世界上没有什么是不变的,有时计划赶不上变化。制订好计划,就要立刻行动！"奥马尔最后说。

俗话说，千里之行，始于足下。人只有辛勤地耕耘，才会取得辉煌的成功；只有果断地行动，才会走向成功。

成功者都是有时间观念的人

美国福特汽车公司的创始人亨利·福特有着超强的时间观念，他从不浪费时间，并认为时间非常宝贵。

亨利·福特是农家子弟，从小就善于观察，看多了人在马后犁田，他想：跟在慢吞吞的马后面犁田，实在太浪费时间。所以，他想制造出便捷有效的东西来代替人力、畜力。

有一次，亨利·福特乘马车去底特律。途中，他生平第一次见到一辆不用马拉着自己就能走的靠蒸汽推动的车子。趁着这辆蒸汽车停下来时，福特向驾驶员问了一大堆有关这辆车性能、操作方法的问题。回家后，他做了个木质车身，又用一个2加仑的油桶当作锅炉，试图推动"车身"。

17岁时，带着强烈的创业愿望，亨利·福特来到底特律的汽车制造公司就业。可是，只干了6天，他就辞职了，原因是："该公司先进员工必须花费好几个小时才能修复的机械，我只要30分钟就修好了，那些先进员工对我感到嫉妒、不满。"

1891年，亨利·福特进入爱迪生电灯公司工作，仍致力于设计自己的"自动马车"。1896年，他的愿望实现了。1899年，

心态的力量

亨利·福特成功地制造了三辆汽车，被公认为是这一领域的先驱。

1901年，亨利成立了福特汽车公司，但1902年就散伙了；1903年6月，亨利又重新创立了福特汽车公司。他设计制造的"A型车"销路奇佳，一年多时间里就销出1000多辆。后来，亨利又设计了N型车、R型车、S型车，都十分畅销。1908年，具有划时代意义的"T型车"诞生了，此车先后共销出150多万辆，为小汽车的普及做出了贡献，创造了世界汽车史上的奇迹。

1908年，亨利·福特决定聘请管理专家沃尔·弗兰德斯进厂，协助他进行生产方式的变革，并允诺，如果弗兰德斯能在12个月内生产出1万辆车，将给他2万美元奖金。最后，1万辆车的年度生产目标提前实现了。后来，弗兰德斯虽然另创自己的公司，但亨利·福特觉得自己已经从他那里学到了大规模生产所需的技术管理知识。

1913年8月，亨利·福特决定，把技术员C.W.艾夫利和威廉·克朗在发动机、主轴、磁电机组装三条供给线上使用的"运动中的组装法"推广到总装配线上，此举大获成功。从此，大批量流水线生产方式诞生了。一时间，亨利·福特成为美国人心目中的"民族英雄"。

亨利·福特之所以能取得如此辉煌的成绩，在诸多促成他成功的因素中有一点是不容忽视的，那就是，他以时间为坐标轴，创立了高效的"福特生产方式"—流水线生产，并一步步地让产品制造日臻完善，并使设计更到位，他不浪费一分一秒的时间，在生命的每个阶段都获得了一定的成就。

人生往往有付出才会有收获，但实际上，很多人却不知不觉地在许多并不重要的琐事上浪费了自己诸多精力。

张毅因为工作勤奋、认真负责而被任命为一家连锁门店的店长。走马上任后，他仍旧坚持一贯的工作作风，事必躬亲，兢兢业业，整日埋头于日常的琐碎事务中。对一些重要又不太懂的事，他便采取逃避的态度，非拖到不能再拖的时候，才动手去处理，结果常因时间仓促而草草了事。就这样过去了几个月，虽然他觉得自己已经非常努力了，但每天还是有做不完的工作、处理不完的事务，销售成绩也不尽如人意。

有一次，老总安排了一项制度建设的工作给他，让他起草公司的人力资源管理制度，还为他准备了一些人力资源工具书。老总给了张毅半个月的时间，希望他能认真准备一下。张毅一想时间尚早，就没太在意，仍按部就班地处理日常琐事：每天到店里点名，守在店里处理各种纠纷，就连业务谈判、客户回访这些本应该由下属去完成的事情，张毅也亲自过问，每天都像陀螺一样高速旋转。半个月后的一天，老总忽然打电话催要材料，张毅才忽然想起这件事来，于是他打算晚上加班完成。可谁知这天正好是月底，因为要点库存，深夜张毅才回到家中，挑灯夜战，一直熬到第二天早上才算把材料凑合完成。

老总拿着张毅匆促起草的材料，一边看一边不停地摇头。本是一次展示才华的机会，就这样被张毅错过了。他很快被调

心态的力量

离了店长岗位，到一个不重要的岗位任职。

工作中，有的人和张毅一样，事必躬亲，常使自己被一些无关紧要的琐事缠身，疲于应付，没有时间去做比较重要的事。他们完全被琐事淹没，无法从纷繁的工作中解脱出来，集中精力去解决那些重要的、展示自我才华的工作，这实际上也是缺乏时间观念的典型表现之一。

利用时间，如同平时用水，一不小心就会浪费很多。如果你留心算一算每一天的时间和取得的成果，就不难发现，有三分之一左右的时间，你可能都在忙着做一些琐事，假如一个人把精力分散在很多琐事上，他很难把最重要的事做好。

居里夫人结婚的时候，家里的布置非常简朴。居里夫人的父母写信来说，想为他们买一套餐桌餐椅，作为结婚礼物，可以在邀请客人来家里吃饭时派上用场。但是，居里夫人很客气地写信回绝了。理由很简单：她和丈夫现在没有时间来请客吃饭，连会客的时间也没有，所以没有设置餐桌餐椅的必要。况且，有桌椅之后，还必须花时间每天清理灰尘，这样一来就会影响她和丈夫的实验。居里夫人为完成自己的目标，减少一切不必要的琐事，使自己的时间价值发挥到最大限度。

一个人要成功，必须不为琐事所缠，而要以目标为基点，在心中牢记时间的紧迫性，时时提醒自己，这样才不会浪费时间。

高效创造业绩

任何事情都需要下功夫实干，想要取得成绩不可能总是纸上谈兵。任何人拥有的时间都是一样多，所以，在相同的时间里，做事的效率不一样，就决定了不同的结局。

从做生意的角度来说，如果不能提高效率，不能抢占先机，不能在同样多的时间里，做得比别人多，跑得比别人快，迟早要被市场这只"老虎"吃掉。IBM总裁路易斯·郭士纳在自传《谁说大象不可以跳舞》中认为，如果一个企业的效率能够运转得可以让庞大的"大象"跳起舞来，那么这个企业无疑就是成功的。

从个人的发展来说，能否积极主动、尽职尽责地高效工作，是衡量一名员工优秀与否的关键。在工作中，如果员工不能做到高效工作，那么，就意味着落后于别人。所以你想证明自己的实力，那么就要提高效率，凡事积极主动，绝不拖拉，唯有如此，才能创造出与众不同的业绩。

潘伟的单位是一家大型商贸公司。有一次，潘伟在帮老板整理文件时，发现老板正在为公司的产品打不开某地的市场而

心态的力量

苦恼，他便主动向老板表示自己愿意到某地去开拓市场。

老板听完潘伟的请求后，不太相信他的能力，说："前几次派去的几位推销员都无功而返了，而且，那里的工作条件远不如待在公司总部好，你能行吗？"

"我相信自己能在那里开拓出新的市场，因为我事先已做过周密的调查，并制订了切实可行的销售计划。"说完，潘伟递上了自己的销售计划书。

经过董事会研究决定，老板终于同意让潘伟去某地开拓市场。后来的事实证明，潘伟的确是一名"实干家"。他到了新的工作地点以后，不分昼夜地调研考察，和当地的很多代理商打成一片，加班加点，很快让自己公司的产品打入市场。不久后，公司产品的销量节节攀升，成了同类产品中最受顾客欢迎的产品。

两年后，老板将潘伟调回公司总部担任经理助理。而与潘伟同时应聘进入公司的人，现在大多还同潘伟当初一样，虽然早出晚归，但只是被动地执行上级的安排，至今还在普遍的工作岗位上工作。

可见，潘伟之所以能取得非凡的业绩，便是有主动迎难而上的行动意识。其实，很多员工相较于潘伟，他们的才能不一定比潘伟差，但他们缺乏主动执行的精神。有的人认为只要准时上班，按时下班，就是对工作尽职尽责了。但实际上并非如此，如果你想成为一名卓越的员工，一定要提升工作效率，做出点不同凡响的业绩，因为只有业绩才具有说服力。

现今很多公司都有这样一种人：他们的桌子上摆满了文件资料，上班时显得忙忙碌碌，几乎没有一点休息时间。有时候下班了，他们还会加班到很晚。他们以为这样表现，足以给老板一个良好的印象，得到晋升的机会。然而事实上，这些人很难得到高升，很少被重用。

职场中，管理者不是看辛劳，而是看工作成果。如果一个人忙得没有效率，别的人用半小时就可以完成的工作，他却需要3个小时，这样的工作表现，即便再忙碌，也很难得到上级的赏识。因为他不仅在浪费自己的生命，也在浪费公司的时间和资源。

效率的真正含义，就是在同样的时间内争取获得最大的收获。

我们来看一个小故事：

老师出了一道题目让学生来完成。这个题目看起来是不可能完成的，即在一个同时只能烙两张饼的锅中，3分钟内烙好3张饼，每张必须烙两面，每面烙1分钟。这样算下来，最少需要4分钟才有可能把三张饼烙完。可是老师只给了学生3分钟的时间，这怎么办呢？

一个学生想了想，就有了主意。他认为要解这道题关键在于打破常规的烙饼方法。先烙两张饼。1分钟后，把一张翻烙，另一张取出，换烙第3张饼。又过1分钟，把烙好的一张取出，

心态的力量

另一张翻烙，并把第一次取出的那张饼放回锅里翻烙。结果3分钟后，3张饼全烙好了。

　　高效率便是在相同的工作时间内做更多的事，把时间的利用率最大化。我们在工作中要善于动脑筋，在最短的时间内取得最好的效果。因为对企业来说，时间就是金钱，效率就是生命。如果你能在相同的时间里比其他人办的事情更多，而且办得更好，就意味着你的能力更强，绩效更高。这样的员工自然能获得提拔，获得比别人更好的待遇。

　　汉夫特是加拿大渥太华一家宾馆的老板，他以"懒惰"著称。凡是能交给手下干的事，他绝不亲自去做。宾馆业务虽然繁忙，他却整天悠闲自在。有一年的圣诞节，他让宾馆全体员工分别评选出10名最勤快和10名最"懒惰"的员工。汉夫特让人把10名最"懒惰"的员工叫到他的办公室。这些员工忐忑不安，以为免不了要被炒掉。可是令他们没有想到的是，一进门，汉夫特便说："恭喜各位被评为本宾馆最优秀的员工。"

　　这10名员工面面相觑，以为老板在开玩笑。汉夫特微笑地解释道："根据我的观察，你们的'懒'突出表现在总是一次就把餐具送到餐桌上，一次就把客人的房间收拾干净，一次就把工作干完，因此在别人眼里你们每天大部分时间都闲着，无所事事。但依我看，最优秀的员工无一例外都是'懒汉'——'懒'得连一个多余的动作都不想去做。而勤快员工的'勤'，大多表现在整天忙忙碌碌，不在乎把力气花在多余的动作上，做一件事不在乎往来多少趟，花多少时间，他们视效率为小事，其实做事效率高才是好员工。"

这个故事说明"勤"有多种表现形式，并不是不停地做事就是"勤"，一次把事做好、做到位也是"勤"的表现。

那么，怎样提高效率呢？提高效率的方法很多，但不管哪种方法，如果不用心，不动脑子，都不会取得很好的效果。工作效率是一点一滴提升的，不去思考，一切提高效率的方法都是空谈；反之，如果用心用脑去做一件事，那么效率会在无形中得到提高。

可以尝试以下方法提高效率。

一、制订一个有效的行动计划

（一）影像化。问问自己如果达成目标必须实行的步骤是什么，你的答案就是行动计划的重要内容。

（二）找能对你有帮助的人，和他们聊聊你的计划，以便自己能更快地行动起来。

（三）可以找找刚好也完成类似目标的人，听听他的意见，或许可以得到对你有用的建议。

（四）找出阻碍你行动的问题，并从思想上克服它们。比如，恐惧可能成为你心中的障碍，因此，你应该有克服恐惧的心理准备。

心态的力量

二、为实现计划而努力

（一）保持专注，不贪图一时的快意，不分心去做和计划毫不相干的事。

（二）提升应变能力，这与专心致志并不冲突。在设定了最重要的目标后，制订完善的行动计划，并且专心致志地朝着目标努力时，可以接受任何可能促使你重新审视目标的改变，但不影响目标完成的"诱惑"。完成计划中的变化不仅是一种诱惑，也可能是一种威胁，但是它往往也是发现问题或机会之所在。

三、保持对工作的兴趣，适时奖励自己

在预定时间内努力工作固然重要，但也不要忽视工作的乐趣。在行动计划中空出一些时间，你可以欣赏自己的努力成果，并适当地奖励自己。毕竟，愉快地工作是促使你实现目标的原因之一。

第七章

经营好“人脉”，融入团队

积攒优质"人脉"

很多人都说自己没有成功的机会和条件，可是看看自己身边，有的人能力甚至不如我们，但他们却成功了，这是为什么呢？

细心观察就会发现，他们更善于利用身边的"人脉"。所以，想成就一番事业，多交朋友、少树"敌人"，绝对是一个有意义的忠告，因为良好的人际关系能让人更好地发挥各种资源的价值。现今经营好人际关系的重要性已得到公认，一些富翁可能没有很高的学历，但却有广泛而良好的人际关系。所以，善加利用我们的"人脉"，可以帮自己尽快取得成功。

"人脉"具有四大功能：

一、与自己的能力形成互补

一个人即使是天才，也不可能在所有领域样样精通。所以，他要发展自己的事业，就必须善于利用别人的聪慧和能力。人在开拓自己的事业时，总会遇到自己力所不能及的事，这时，良好的人际关系会帮你扫清障碍，助你一臂之力。

心态的力量

二、产生合力

平时人们常说的"人心齐，泰山移"就是这个道理。现代社会，分工越来越细，竞争残酷，单凭一个人的力量根本无法取得事业上的大成就，只有借助他人之力，才有可能创造辉煌的人生，而要获得他人的帮助，就必须学会搞好人际关系。

三、联络感情

人是感情动物，多进行感情上的交流十分重要。良好的人际关系会使人获得强大的力量，在成功时与人分享，在遇到挫折时向人倾诉和得到鼓励，这有助于人的心理平衡，从而有勇气迈向新的征程。

四、交流信息

在现代社会，掌握了信息就等于把握住了成功的机会。一条珍贵的信息可以使人功成名就，而信息闭塞会使人贻误战机，遗憾终生。所以广交朋友，善处人际关系，是一条十分有效的获取信息的途径。

那么，如何发展并且利用好自己的"人脉"呢？

一个人想要在事业上积累良好的"人脉"，首先是要认识尽可能多的人，并让别人认识自己。如果想实现一个重大目标，就要同许多人合作。人的生活方向经常会因为别人的一句评语、一个建议、一个行动而改变。所以人际关系越好，所获取的信息就越多，成功的概率也就越大。

有一个成功的美国商人，他曾在创业初期急需一笔资金。于是他开始给银行打电话，告诉银行他的计划。当时他刚刚 20 岁出头，几乎所有的银行都说他太年轻了，没有什么资本可以用来担保，所以拒绝了他的请求。

但是他没有放弃。他开始扩大求助的范围，给更远的银行打电话。最后，一个距他 95 英里的银行对他的计划产生了兴趣。最终，他经过几年的奋斗，成了美国最富有的人之一。他的朋友曾经问他历经挫折有没有想过放弃自己的计划，他说："从来没有！我知道只要我找的人足够多，就一定能借到钱。我已经下定决心，为了寻找愿意帮助我的人，必要的时候我可以给 500 英里以外的银行打电话。"

由此可见，尝试不同种类的事情越多，在正确时间做出正确决定的可能性就越大，人际关系同样适用这个定理。认识的人越多，交际越广泛，一个人在恰当时间遇上恰当的人的可能性就越大，而帮助他的人也会越多。这不是奇迹，更与运气无关。几乎所有成功人士的共性之一便是擅长交际。他们知道，自己认识和认识自己的人越多，他们在事业上取得成功的机会就越多，好运也就越多，所以抓住一切机会与别人交往，努力扩大自己在生活中各个领域的人际关系网。

美国亿万富翁哈默的成功也是个非常好的善用人脉的例子。

哈默素有"点石成金的万能商人"之称，他的事业起步与

心态的力量

他和列宁的关系紧密联系在一起。

哈默的父亲是俄国移民。哈默父亲的身份使哈默在访问苏联时得到了特殊的待遇。哈默第一次访问苏联时正值内战时期，由于国内连年战争和外国武装力量的干涉及封锁，苏联经济已凋敝不堪，国内食品供应非常紧张，而当时美国粮食连年丰收，价格相当便宜。尽管哈默从未做过粮食生意，但他见此情形，决定要做一笔跨国大买卖——从美国购买粮食卖给苏联。哈默的想法得到了列宁的赏识，列宁接见了哈默，并指示外贸部门确认这笔贸易。这批粮食为当时的苏联解了燃眉之急。哈默与列宁因此缔结了真挚的友谊，通过这次贸易哈默赚取了很多钱，他的钱"开始数不清"了。

1921 年，在苏联做完一笔生意准备回国时，哈默偶然想起要买一支铅笔，这个偶然的想法居然又给他创造了绝好的机遇。他到商店一问铅笔的价格，不禁大吃一惊，每支铅笔竟卖 26 美分！而当时在美国不过两三美分而已。吃惊之余，一个设想打消了哈默回家的念头。

尽管哈默对铅笔制造业一无所知，但他还是毅然决定在苏联建立一个铅笔厂。他凭着与列宁的特殊关系，取得了在苏联生产铅笔的许可证。但是哈默遇到了一个难题，就是当时苏联还没有制造铅笔的技术。哈默了解到德国纽伦堡的德伯铅笔公司是当时世界上铅笔生产的垄断者，要想获得技术，就必须去德伯公司"求经"，但是德伯公司对这项技术严格保密。

哈默在德伯碰了钉子后，并没有灰心，他明察暗访，终于知道了一名懂这项技术的工程师的名字，他叫乔治·拜尔，是这个行业当中十分紧缺的人才。哈默找到拜尔，许以重金请求他去苏联帮助自己，得到应允后，哈默把从德国购买的机器拆散，带着拜尔一家一同来到苏联。铅笔厂建成后，第一年的产值就达250万美元，第二年迅速增长到400万美元，到1926年，产量已达1亿支，不仅满足了苏联市场的需求，还出口到十几个国家和地区。从这个铅笔厂中，哈默赚取了几百万美元的财富。

当然，建立广泛的人际关系并不等同于滥交朋友。成功人士经营"人脉"最重要的一点就是选择恰当的人并与之交往。俗语说"近朱者赤"，要想取得成功，就得与业内的佼佼者多交往，因为优秀的人能成为你生命中和事业上的导师。他们的一次点拨，有时可能会胜过你多年盲目的努力，让你知道哪些是你不该做、不能犯的错误；他们的成功经验、成功模式，或许对你有着非常大的帮助，帮你省下非常多的时间，走对方向，少走弯路。

美国前总统克林顿在17岁的时候，立志想当音乐家。可是，在白宫遇见了当时的美国总统肯尼迪之后，他改变了志向：他放弃当音乐家的梦想，立志走政治家的道路。肯尼迪在克林顿的人生中发挥了非常大的作用：如果没有肯尼迪，也许就没有

心态的力量

总统克林顿，他充其量会是一个著名的音乐家。可以说，肯尼迪的影响改变了克林顿的人生轨迹。

世界成功学权威安东尼·罗宾，他的演讲费十分高昂，他事业成功的原因也是因为碰到了生命中的"贵人"——吉米·罗恩。吉米·罗恩帮助他走上了研究成功学、帮助他人成功的道路。可以想象，当年如果没有吉米·罗恩的引导、帮助，他可能还坐在穷困潦倒的家中找工作。

所以，想要获得成功，就应该"广撒网"，努力结交社会各界的精英。这些优质的"人脉"无论你从事什么职业，在哪个行业自主创业，都将成为你最宝贵的资源和财富。

找到"人脉"的"头等舱"

世界著名激励大师安东尼·罗宾曾说:"人脉是我们人生中最大的财富,因为它能开启所需能力的每一道门,让你不断地获得财富,不断地认识社会,并且获得成功的能力。我所认识的全世界所有的成功者最重要的特征是:创造人脉,维护人脉。"

是的,人们在事业起步初期,往往会找不到方向,不知道自己该向哪方面努力,不知道自己哪方面还有所欠缺,不知道应该结交哪方面的精英。所以,提早规划,找到"人脉"的"头等舱",就能开阔眼界,打开思路,为我们取得成功而加速。

埃德沃·波克被称为美国杂志界的奇才。但是最初他和家人穷得要饿死,他在美国的贫民窟长大,一生中仅上过6年学。

6岁时,波克随家人从波兰移民至美国,在上学期间仍然要每天工作赚钱。打扫面包店的橱窗,派送星期六早上的报纸,周末下午到车站卖冰水,每天晚上替报社传递以女性为主的聚会消息——他自幼就是一个"工作狂",什么样的脏活、累活都干过。

心态的力量

13 岁时，波克辍学，到一家电信公司工作。然而，他没有忘记学习，仍然不断地自修。他省下了饭钱，买了一套《全美名流人物传记大成》。

接着，波克做了一次史无前例的壮举：他直接写信给书中的人物，向他们询问书中没有记载的童年往事。例如，他写信问总统候选人哥菲德将军是否真的在拖船上工作过；他又写信给格兰特将军，问他有关南北战争的事。

年仅 14 岁，周薪只有六元二角五分的小波克，就是用这种方法结识了许多美国当时有名望的大人物：哲学家、诗人、名作家、军政要员、大商贾、大富翁。当时的那些名人、富人，也都乐意接见这位充满好奇心、可爱的波兰小难民。

获得名人接见的波克，立下宏图壮志，要闯出一番事业。为此，他努力学习写作技巧，然后向上流社会毛遂自荐，替他们写传记。

一时间，订单如雪片般飞来，波克需要雇用六名助手帮他写简历。当时，波克还未满 20 岁。

不久，这个传奇性的年轻人就被《家庭妇女杂志》邀为编辑。波克答应了，而且一做就是 30 年。

虽然我们现在可能只是微不足道的小人物，但如果我们充满创业热忱，懂得积累"人脉"，就能获得成功的机会。

当然，要培养"人脉"，就必须不断地学习，主动积极，运用智慧和策略，讲究方法和技巧，知晓别人的兴趣，获得别人的好感和信任。同时，更要找到"人脉"的"头等舱"，即把结识能给你的事业带来转折的关键人物放在首位，因为他们不仅能够让你获得最多成功的经验，更是你事业上的导师，能让你在迷雾中看清自己今后的发展方向，使你不至于把时间浪费在不必要的事情中。

下面是如何利用最佳"人脉"关系的三个行动准则。

一、帮助成功者工作

在你进入到一个行业后，你要先看谁已经是这个行业中的顶尖人物，并在这个行业中有影响力，弄清后你就要想方设法接近他，争取能够与其一块工作。

帮助成功者工作的时候，你能够真正地学到成功者成功的秘诀，这是在做其他工作时学不到的。可以这样说，可能帮助成功者工作一年，要比自己在普通岗位上工作两三年所学到的东西还要多，不论是在经济上、知识上、能力上还是在人际关系上。

拿破仑·希尔就是这样一个人，他曾在当时的世界首富"钢铁大王"卡内基手下工作，所以他可以在很年轻的时候，就认识多位世界上各行各业知名的成功人士，包括发明大王爱迪生、发明电话的贝尔、罗斯福总统、泰瑞莎修女……这些人他都是通过卡内基的介绍才认识的，不然的话，他很少有机会结识这些人。

心态的力量

二、与成功者合作

如果你慢慢有了经验和实力，但是还没有办法独立时，这个时候你就要想着和他人合作，不过最好能与成功人士合作。与成功者合作的时候，可以不用考虑短期利益，先考虑学习成功者的成功经验，考虑长远的效益。许多大企业家喜欢彼此"交换"长处，以互补不足。

例如，克莱斯勒与奔驰车的合作，代表着美国最大和德国最大的两家车厂合作，他们的合作就可以共同享用资源并且共同引导市场。

三、寻找成功者帮助你

成功者都是善用"人脉"的"头等舱"的人，就像很多职业篮球队或者国家的篮球队，他们就很喜欢到美国聘请球员来打球，虽然这样做花费很高，但是美国球员加入球队后，攻击的威力通常是无人可挡的，这样一来，球队取胜的概率自然大增。

有一个演员，在风云变幻的政坛上大获成功，他就是美国第四十届总统——罗纳德·里根。

里根原是好莱坞的演员，但他在演员生涯即将走向尽头的时候，立志要当总统。当然，他对于从政毫无经验，更没有什么经验可谈。这几乎成了里根涉足政坛的一大"拦路虎"。然而，共和党内的保守派和一些富豪支持他竞选加州州长，在这些朋友的支持下，他毅然决定放弃大半辈子赖以为生的职业，坚决地开辟人生的新领域，最终坐上了总统宝座。

从这个例子中我们可以看出，里根要改变自己的人生道路并非突发奇想，虽然他的知识、能力、经历、胆识发挥了一定的作用，但是他拥有的优质"人脉"在他的选举中也起到了非常重要的作用。有人说里根鸿运高照，其实，所谓的"鸿运"通常都是他善用"人脉"的结果。

综上所述，如果你幸运地找到了"人脉"的"头等舱"，就要与"人脉"的"头等舱"交往，并讲究方法、方式。那么采取哪些方法、方式让优质"人脉"发挥应有的价值呢？以下方法可以借鉴。

一、尊重他人，严谨有致

尊重他人是交往的首要原则和基础。与优秀者建立友情，首先要准确把握双方关系，充分表现出你对他的尊重。

小许很得领导的赏识。这位领导平易近人，此前他与小许并未谋面，但他很赞赏小许的才华，便约请小许与他聊聊。小许在领导面前并没有得意忘形、忘乎所以。言谈举止都严谨得宜，很有分寸。领导虽性情开朗，多次表示要小许随意些，但还是对小许的举动发自内心地赞赏，他觉得自己没有看错人。就这样，小许与那位领导逐步拉近了彼此之间的关系。

二、切忌奉承，不卑不亢

平等是与人交往的前提。如果为了自己的目的而对人阿谀

心态的力量

奉承，表面上似乎是尊重对方，其实与尊重的本质是背道而驰的，只能让他人反感、嫌恶，本来可以建立的友情也可能无法发展下去。

三、态度自然，真诚主动

优质的"人脉"无论是社会地位，还是阅历、学识，一般都高自己一筹。与优秀的人交往，常令我们肃然起敬。在与人交往时，我们一方面要尊重对方，另一方面也要自尊自爱，守住分寸，保持本色，自然地与人交往，不必拘谨。这样才能显示自己的交际魅力，赢得对方的认可和尊重，继而增进友情。

小斌是个有才华、求上进的青年人，他很想与一些德高望重的前辈交往，可最终都以失败告终。究其原因，主要是小斌太拘谨了，总是一副畏畏缩缩的样子，让前辈很失望。

小文在一次会议上结识了一位颇有成就的作家，他十分珍惜这个机会，每逢节日必寄贺卡给这位作家。终于作家记住了小文，并与他建立了深厚的友情。

四、巧托会配，不可狂妄

一些杰出的人一般不会主动与普通人交往，而作为学习者，就要充满真诚，主动迈出第一步，做出友好的姿态。

在与杰出的人交往时我们要学会放低自己，给他人留下谦虚好学的印象。

小刚对本校的一位知名教师十分敬重，主动拜他为师，经常向他请教一些问题，求得帮助。由于小刚尊重他的作息习惯和癖好，所以每次请教都有收获。而在这一次次的请教中，那位教师也对小刚发生了浓厚的兴趣，并逐渐和小刚有了很深的友情。

小灿希望在他人面前展露才华，让一位他最敬重的长辈认可他。有一次，那位长辈在晚会上唱京剧，虽然唱得不算好，但还是赢得了掌声。小灿便想，此时自己亮亮嗓子必会让长辈有遇到知音之感，于是一曲京剧唱得嘹亮高亢，赢得了大家的掌声。但老人却在台下感到极不自然。小灿虽是善意，但如此"抵"老人，老人还会同他建立友情吗？

所以，人如果不能随机应变，不能恰当地显示自己的水平，太过张扬，与人交往，结果便会适得其反。

求同存异，人"合"才能万事兴

　　社会上充满竞争，在竞争中谋求合作是事业的成功之道。善于合作，是指在需要相互配合的事情上能够与别人协调一致，在合作中，要虚心请教、团结友善、平等待人，养成良好的合作习惯。毕竟，一个人的力量是有限的，只有实现了资源的优化组合，与志同道合者合作，才能实现仅凭自己无法达成的愿望。

　　一个"合"字有多种深意：与什么样的人合得来，有什么样的朋友；与什么样的公司合作，取得什么样的效益；与合得来的人合作，促进双方取得成功。懂得合之道的学生，能团结同学；懂得合之道的长者，是兴家之瑰宝；懂得合之道的商人，方能财源滚滚。

　　合作本身代表一种机遇。经常与他人合作，一个人就能发现自己新的能力。如果自我封闭，身上的潜力很难发挥出来。要想提高自己的生活质量，为自己创造更多的机会，就要广泛地结交朋友，多与他人互动。毕竟，没有一个人能在社会这个大环境中独自发挥出自己的全部力量。

所以，一个人的成功绝不是靠单枪匹马闯出来的，他需要有人助他一臂之力，也要为他人做出贡献，善于合作才可以带来广阔的前景。独木难成林，一个人的能力再强也是有限的，只有善于与人合作，才能弥补自己能力的不足，达到自己原本达不到的目的。

在我们的一生中，或许会闪现一两个难得的机遇，出现几个难得的合作者，这就促成了难得的合作。合作是一荣俱荣的关系，人"合"才能万事兴。找到适当的人去合作，也许那就是你成功的起点。

俗话说，孤掌难鸣，家和万事兴。对于合作也是一样的，合作通常是几个人一起讨论并完成某项事情，在这个过程中，善于合作的人懂得利用对方达成自己的目的，而不懂得合作的人，总爱计较，最后白忙一场，竹篮打水一场空。

茫茫人海，能遇到有共同追求又愿意一起干一番事业的人不容易，合作机会要靠自己寻找，融洽的合作又会创造出新的机会。人只有与人携手才能共同促进事业的发展。

当合作过程中发生分歧的时候，有的人将太多的时间用在打击、批评、玩弄手段、文过饰非或是曲解对方上。这就仿佛一脚踏着油门，另一脚踩着刹车，车子还能开得稳吗？分歧发生时本应及时"刹车"，但许多人反而猛踩"油门"，为自己

心态的力量

找更多理由来自圆其说，这都是合作诚意不足的表现。人不能仗势欺人，损人利己，或企图讨好别人而损己利人，合作必须求同存异。

每个人都是独立的个体，对一件事情有不同于他人的看法也很正常。而人们在这样的时候如果坚持己见，一意孤行，处处要别人顺从与附和，就失去了合作的意义。

真正团结共事才能在合作中互补，合作应该尊重差异。1加1等于2，可有人却做到了等于4，这就是协同作用，整体大于各部分之和。成功的合作不会以压抑个性为代价，相反，成功的合作应以尊重每个人为前提，重视各合作者的不同想法，真正使人人都参与到合作之中，风险共担，利益共享，相互配合，达成共同目标。

与人合作最重要的是，重视不同个体的心理、情绪与智能，以及每个人眼中所见到的不同世界。自以为是的人总以为自己最客观，别人都失之偏狭，其实这才是画地为牢。反之，虚怀若谷的人勇于承认自己有不足之处，善于在与人交往中汲取丰富的知识见解，重视不同的意见，因而增长见闻。

科学家曾经做过一个实验，发现当雁群呈倒"V"字形飞行时，要比孤雁单飞节省70%的力气，相应地也就等于增加了70%的飞行能量。雁群的确够聪明，它们选择拥有相同目标的伙伴同行，这样可彼此互动，更快速、更容易地到达目的地。

由此可见，创造性的合作，不仅对团队人际关系、事业成功非常重要，对个人也十分重要。

有很强的沟通能力并善于与他人合作，这是一个人自身素质的重要衡量指标。拥有合作精神是现代社会中生存的不二法则，是成功的必要条件之一。

生活中能与人和谐相处，工作上能都与同事友好合作，一起为共同目标而努力，自然合作愉快，获得更好的发展机会。

生活中不乏为人严谨对人苛刻的人，优秀的人并不会把与这样的人交往当作困难，而会把这看作是难得的锻炼机会。在我们的人生旅途中，在发展事业的过程中，难免会遇到与我们观点不一致的人，这时就要求同存异，争取找到双方的共同利益，达成合作。

比如，教师与学生沟通，也要发自内心地尊重、赞赏学生，这样才能很好地引导学生，才能建立起和谐、民主、平等的师生关系；与同事沟通，完成领导交代的任务，尤其需要协同合作，更要真诚，要有吃亏精神，这样才可能实现目标。合作对于人生终极目标的实现有着非常重要的意义。

与不好相处的人沟通更能体现沟通的意义。想使沟通化繁为简，化难为易，需要提前明了沟通的目的以及相关的技巧。比如，在事前确定交谈要点，交谈前要准备好交谈的内容，选择好说话的方式，避免夸大其词。还要注意在谈话时，将焦点

心态的力量

放在自身而非对方身上，不要用"你让我感到……"来切入主题，而要常用"当您……的时候，我感到……"这样的话语。必要的时候还可引用一些实际例子，将共同的行为同沟通内容联系起来。

另外，沟通的同时也要注意学会倾听。应当让对方充分发表看法，自己仔细倾听并加以记忆。倾听是一个看似轻松却十分重要的过程，它引导人们进行换位思考，使得谈话变得更为对方所需要。

沟通是每一个成功者需要面对的问题。无论是生活中还是工作中，都会有极难沟通的情况。对于这种情况，态度应是积极的、正面的，不应是消极的、简单粗暴的，这才能反映出一个人的有效沟通能力。

在面对极难沟通的情况时，可以尝试去说服对方，但否定的态度是最不容易突破的障碍，当一个人说"不"时，他的尊严，要求他将自己的想法坚持到底。因此，沟通一开始就要使对方采取肯定的态度。

一天，一个名为托西的客户想要在纽约格林尼治储蓄银行开一个户头。银行工作人员艾伯特先生就给他一些平常的表格让他填。有些问题托西回答了，但有些他则拒绝回答。艾伯特并没有着急，他决定不谈论银行所要的，而谈论对方所要的，他决定在一开始就使客户说"是"。因此，他并不否定托西先生，而是说："您拒绝透露的那些资料，也许并不是绝对必要的。"

"是的，当然。"托西回答。

"您难道不认为，把您最亲近的亲属名字告诉我们，是一种很好的方法？万一您去世了，我们就能正确并及时地实现您的愿望吗？"艾伯特又问。

托西又说："是的。"

接着，托西的态度软化下来，当他发现银行需要那些资料不是为了银行，而是为了自己的时候，他改变了态度。在离开银行之前，托西先生不只告诉艾伯特所有关于他自己的资料，还在艾伯特的建议下，开了一个信托户头，指定他母亲为受益人，而且很乐意回答所有关于他母亲的问题。

记住，若一开始你就让对方说"是"，他就可能会忘掉你们争执的事情，而乐意去做你所建议的事。这样的沟通方式从一开始就使自己掌握了谈话的主动权，还迎合了对方的心理。多想想对方真正需要的是什么，自己又如何才能满足对方这种需要，是投其所好还是循循善诱，这才是我们应该去思考的。

难沟通不等于不能沟通，只要你用心去观察，采用适合的方式方法，沟通便可以取得一定的效果。所以当问题发生的时候不要急于去解决什么，而是依据自己对对方性格上的观察拟定一个沟通方式，学会正确去沟通。

取长补短，合作不是事不关己

团队合作好比是一个人的手，五指虽然有长有短，有粗有细，然而各司其职，它们紧密合作，挥出为掌，能挟裹一缕劲风；握紧为拳，则蕴含虎虎生气。相反，如果每个手指头都各行其是，互相争功，不知默契协作，其效率、威力肯定将大打折扣，弄不好还会折损一二。

当今社会是合作型社会，各取所需的合作模式表现在工作和生活的方方面面。比如，杰出的人遇到问题，首先想到的，不是自己单枪匹马地去解决，而是找到合作伙伴一起来商量，集思广益、博采众长。如此，成功就会比较容易。

庄吉集团的创始人之一郑元忠是改革开放初期温州有名的"电器大王"，后来他选择了服装业，成立了一家服装公司，但却一直没有做出大成绩。

一个偶然的机会，郑元忠认识了同样做服装生意的陈敏，两人一谈，相见恨晚。于是，两人在商量后成立了温州庄吉服装有限公司。不久，吴邦东也加入其中。三人在公司里各司其职，各有所长，被业界称为"黄金三角"。

当时，对于谁当董事长的问题，三人都看得很开。按股份，郑元忠是理所当然的董事长。但是，郑元忠却选择让陈敏来当董事长。正如他日后所说："服装该由懂服装的人来做，陈敏是当时温州服装界数得着的'少帅'，又是服装商会副会长，三个人中肯定他最行，而且也年轻。"

三人从一开始合作就达成一致：庄吉的权力在董事会，实行董事会领导下的总裁负责制。公司绝对不安排任何人的家族成员。有一次，陈敏的侄子大学毕业后，想到庄吉这儿来工作，被陈敏拒绝了。如今的庄吉，股权清晰，事事由董事会集体决策，已经创造了许多个"第一"：全国第一家利用品牌做质押贷款的民营企业，温州市第一家民办服装文化研究所，等等。庄吉还与中国美术学院、杭州丝绸学院等多家科研单位合作，成功地把庄吉定位于高层次的服饰品牌。

每个人的精力和智慧是有限的，但合在一起，就会产生巨大的合力。工作中人们难免会遇到无法解决的问题，这就需要与人合作，用他人之长补自己之短。只有这样才能更快、更好地达成自己的目标，实现自己的理想，为企业创造更大的经济效益。

成功的合作就是让一加一产生大于二的效应。诺贝尔奖获得者中，因合作而获奖的占 2/3 以上。在诺贝尔奖设立的前 25 年中，

心态的力量

合作获奖的人数占 41%，现在则达到了 80%。可见，在竞争日益激烈的社会，一滴水成不了海洋，一棵树成不了森林，任何事业的成功都离不开合作，而在合作中，也少不了取长补短。

松下电器公司董事长松下幸之助是一位善于合作的高手。松下幸之助早年曾在大阪电灯公司工作，他对电灯泡着了迷，为了实现自己改进电灯灯头的构想，他倾资进行研究，并成立了松下电器公司。不巧的是，公司成立之初恰遇经济危机，市场疲软，销售困难。怎样才能使公司摆脱困境、转危为安呢？松下想到，灯泡必须备有电源才能照明。为此，松下亲自去拜访冈田干电池公司的董事长，希望双方合作进行产品的宣传，并免费赠送一万节干电池。一向豪迈爽直的冈田听了此言，也不禁大吃一惊，因为这有悖常理。但他被松下诚挚、果敢的态度打动了，最终答应了他的请求。松下公司的电灯泡搭配上冈田公司的干电池，发挥了最佳的宣传效果。很快电灯泡的销路直线上升，干电池的订单也不断攀升。创建伊始的松下电器公司非但没有倒闭，反而从此名声大振，业务蒸蒸日上。

所以，彼此之间通过合作取长补短是非常重要的，而寻觅最佳的合作伙伴亦十分重要。

托马斯·贝茨公司的创办人兼第一任行政主管 R.M.托马斯，自从该公司于 1898 年建立以来，就一直与他普林斯顿大学的同学赫马特·贝茨合作。托马斯是管技术和生产的"内务大臣"，贝茨是管推销的"外交大臣"。后来，托马斯接任他的职位，直到 1960 年退休。麦克唐纳是他的第一行政主管副主席，他是一个非常严厉和纪律性很强的人，他提出了一系列明确的价值观，包括绝对完善的组织机构和产品高质量。另外，麦克唐纳也是一个具有超强能力的推销员、市场经纪人和对外联络人员。他使托马斯·贝茨公司与电器批发公司之间建立了密切的关系。后来，麦克唐纳与公司创办人的儿子鲍勃·托马斯搭档接任。鲍勃是一位性格内向，但办事效率极高的"内务大臣"。麦克唐纳说得好："我们这个有 100 年历史的公司，先后有 6 位行政主管，每次由两位个性不同的人结合在一起，从而产生理想的领导人。"

　　一个人在创业过程中，找到最适合的伙伴，那力量一定会比一个人要大得多。而这个伙伴，最重要的因素，就在于是否合适。大量事实表明，许多跨国大公司、大财团的创始阶段，都是几个人合伙创立的。这是因为在生意场上，一个人的力量是有限的，而发展空间却是无限的，如何把有限的力量投入到无限的发展中去？合作，就是最好的途径。只要你找到了同业的精英，或者合作者有成为精英的潜在能力，那么，通过你们精诚的合作和努力，优势互补，一定能一步一个脚印地走向事业的辉煌。

　　在西点军校，大家所信奉的是："我们团结起来可以取长

心态的力量

补短，创造一种集体观念的气氛。"成绩好的学员总是自觉地帮助成绩差的同学；如果某学员的车坏在路上，毫无疑问，他们的伙伴一定会伸出援助之手，不管认识还是不认识。因为，这是一种基本素质，是在西点军校长时间形成的习惯。

现代社会中，成功人士的背后都有一大批人在帮忙。这些人的成功不仅仅凭借自己的能力，更多的是团队的力量。现如今是一个合作的时代。一个人凭借一己之力很难取得大的成就，大多数人都得凭靠与人合作才能做成事情。比如，一件复杂的工作凭借个人的力量很难完成，此时就必须有一种团结合作的精神，在合作中充分发挥自己的力量，杜绝事不关己的想法。

中国古代此类故事很多。

有一次，桓温召集部下吃饭。有个参军用筷子夹秫米糕吃，一时夹不开。同桌吃饭的人又不帮助他，而参军的筷子又始终放不下，全桌吃饭的人都笑了起来。桓温出手帮忙，事后他说："同在一个菜盘里吃饭尚且不肯相助，更何况处在危难之中呢？"于是下令罢免了不提供帮助的人的官职。

这个故事中的一些人只是因为饭桌上没有帮助邻座夹一下菜便被撤了职，心中很是不平，认为桓温有点小题大做。但是仔细一想：桓温能够官至征西大将军、大司马，与其日常一言一行有很大关系。

　　这个故事蕴含的道理不可谓不深。在战场上，军队靠的就是合作精神才能打胜仗。而在合作中，如果对所有的事情都持事不关己的态度，那么又有谁愿意与你合作，又怎么能使合作之事成功呢？

　　关于合作有一个著名的理论：团队的利益高于一切，团队成员要把团队的利益放在第一位，把团队的目标置于首要位置。事实证明，一个合作有序的团队，一群具有强烈合作意识的成员，比一盘散沙、各行其是的团队更能创造出优异的成绩。

团队的利益高于一切

团队合作精神对于企业的推动作用已经在许多成功的公司中得到了充分的证实。沃尔玛、丰田、通用等公司就比较推崇团队精神，对团队精神的关注使得这些公司在很短的时间内迅速壮大，实现了企业整体绩效的提升，而且使企业具备了永续发展的能力。此外，惠普、微软、苹果等企业也纷纷将团队精神置于重要地位，并取得了显著的效果。

微软 Windows 2000 的推出就是团队合作的例子。这一视窗系统有 3000 多名软件工程师参与编程开发和测试，如果没有高度统一的团队精神，没有全部参与者的分工合作，这个系统很难完成。现在，团队精神已成为企业重要的价值观和理念。

一个卓越的团队，不应该仅仅存在一个"大英雄"，而应该人人都是"英雄"。一个企业不仅仅需要高层那么几个权威人物，更需要有中层强有力的团队，也需要普通员工擅长团队合作。

IBM 资源部经理李清平曾说过这么一句话："团队精神反

映了一个人的素质，一个人即使能力很强，但没有团队精神，IBM 公司也不会要这样的人。"

SCI 公司人力资源部经理曹光荣也说过："SCI 公司生产世界上最先进的计算机，但世界上有一种仪器比计算机更精密，也更具有创造力，那就是人的大脑。团队精神就好比人身体的每个部位，一起合作去完成一个动作。"

在雅虎北京公司的面试中，曾经有一道被称之为"Panel Interview"的开放式面试程序。这道程序采用座谈会的方式，考官首先在数以千计的简历中初步筛选出符合条件的人，在面试时，每位应聘者拿到一份考题，题目包含自我介绍、对雅虎公司的了解、如果被选中将如何面对以后的工作等，并给应聘者一定的时间做准备，要求应聘者用英文在规定时间内回答考题中所包含的内容。在每位应聘者上台演讲时，其他应聘者则给他打分，最后主考官将打分情况进行整理并排出先后次序，以决定最后录用谁。

可以说，掌管应聘者"生杀大权"的并不是主考官，而是他们的竞争对手。这种面试的目的在于发现应聘者是否合群，是否善于和他人沟通，也就是说，你需要赢得所有应聘者的好感，因为其中也有你未来的同事。这里考察的就是应聘者的团队精神。

团队精神事实上所反映的就是一个人与别人合作的精神和能力。

心态的力量

有一则寓言：

有三只老鼠一块去偷油喝，可是油缸非常深，油在缸底，它们只能闻到油的香味，根本就喝不到油，愈闻愈垂涎。喝不到油令它们十分焦急，但焦急又解决不了问题，所以它们就静下心来集思广益，终于想到了一个很棒的办法，就是一只老鼠咬着另一只老鼠的尾巴，吊下缸底去喝油，它们达成共识：大家轮流喝油，有福同享，谁也不可以有自私独享的想法。

第一只老鼠最先吊下去喝油，他想："油就只有这么一点点，大家轮流喝一点也不过瘾，今天算我运气好，不如自己痛快喝个饱。"夹在中间的第二只老鼠也在想："下面的油没多少，万一让第一只老鼠喝光了，那我岂不要喝西北风了吗？我干吗这么辛苦地吊在中间让第一只老鼠独自享受一切呢！我看还是把它放了，干脆自己跳下去喝个痛快！"第三只老鼠也暗自嘀咕："油那么少，等它们两个吃饱喝足，哪里还有我的份儿？倒不如趁这个时候把它们放了，自己跳到缸底饱喝一顿，一解嘴馋。"

于是第二只老鼠狠心地放开了第一只老鼠的尾巴，第三只老鼠也迅速放开了第二只老鼠的尾巴，它们都争先恐后地跳到缸里去了。等它们吃饱喝足后，才突然发现自己已经浑身湿透，加上脚滑缸深，它们再也逃不出这个美味的油缸。最后，三只老鼠都死在这个油缸里。

一位伟人曾经说过："一个人成功与否，15%在于个人的才干和技能，而75%在于与人合作的艺术和技巧，这反映了一个人情商的高低。"

美国公牛队是篮球史上最伟大的球队之一。1998年7月，它在全美职业篮球总决赛中战胜爵士队后，已取得第二个三连冠的骄人成绩。但公牛队的征战并非所向披靡，而是总会遇到强有力的阻击，有时胜得如履薄冰。决战的对手常在战前仔细研究公牛队的技术特点，然后想出一系列对付它的办法。办法之一，就是让迈克尔·乔丹得分超过40。

这听起来很滑稽，但研究者言之有理：乔丹发挥不好，公牛队固然赢不了球；乔丹正常发挥，公牛队胜率最高；乔丹超常发挥，公牛队的胜率反而会下降。因为乔丹得分太多，则意味着其他队员的作用下降。公牛队的成功有赖于乔丹，更有赖于乔丹与别人的协作。因为一个团队就好像是一张网，每个人都是网上的点，不管你做什么事，你都以某种方式与别人发生着关联，而与人协作的目的就是为了让团队的利益最大化，所以每个人都应充分认识和肯定别人的价值，并借用别人的价值，如此才能发挥出整体优势。

团队精神最重要的就是以团队的利益至上。既然是团队中的一员，就应该时时、处处、事事为这个团队的利益着想，尽量把自己塑造成为适合这个团队的一部分，就如同一部完美运

心态的力量

作的机器上的一颗颗螺丝钉。单个人的力量很有限，但众多人的力量集合在一起，便能使一个企业良好地运转。

阿里巴巴的马云在成功之前，对电脑一窍不通。但他特别善于利用团队优势，最终干出一番事业。马云说过，自己最欣赏的就是唐僧师徒团队。"唐僧是一个好领导，他知道孙悟空要管紧，所以学会念紧箍咒；猪八戒小毛病多，但不会犯大错，偶尔批评批评就可以；沙僧则需要经常鼓励一番。这样，一个明星团队就成形了。"在马云看来，"一个企业里不能全是孙悟空，也不能都是猪八戒，更不能都是沙僧，要是公司的员工都像我这么能说，而且光说不干活，会非常可怕。我不懂电脑，销售也不在行，但是公司里有人懂就行了。"

海尔公司神奇般的崛起和茁壮成长，不仅得益于它的统军人物张瑞敏，还得益于张瑞敏麾下的整个团队的努力。海尔把自己的价值观定义为："人的价值高于物的价值，共同价值高于个体价值，共同协作的价值高于独立单干的价值，社会价值高于利润的价值。而企业文化确保海尔最大限度地调动员工的积极性。"

所以说，每个团队中的成员要把团队的利益看得高于一切，在工作中不忘整体目标，只有这样才能保持各个部分之间的协同，才能使团体效率最大化。

同行未必是冤家，分享才能共赢

从古至今，善于联合对手的人，总能打开别人难以打开的局面。如果一个人只知经营自己的事业，把同行对手全都当作真正的敌人来对待，那么自己也不会长久获利。所以，借用对手的力量，保存自己的实力，有时也是一个明智的选择。

丰田和通用汽车在 20 年前，联手在加利福尼亚州的弗里蒙特市成立了新联合汽车制造有限公司。时至今日，这家由两个竞争对手共同创立的合资企业已经成为竞争合作模式的一个成功范例。

新联合汽车制造有限公司是当时加州唯一的汽车装配厂，利用通用汽车的一处已经停止使用的厂房，使用同一批员工、生产线和丰田生产方式（TPS），为这两家公司生产汽车。丰田的目的是在美国的汽车制造业界占有一席之地，而通用汽车则是希望向丰田"偷师"，学会他们精益求精的生产方式。丰田北美公司的高级副总裁库尼奥（Dennis Cuneo）认为："双方都从这个合资企业中获益良多。""新联合汽车制造有限公司的工厂为我们提供了更好地理解精益求精的生产概念，同时

心态的力量

也使我们能够更快地向精益求精的生产方式转变。这些在 20 世纪 80 年代都属于比较新潮的做法。"通用汽车的发言人如此评论道。为了达到这个目的，通用汽车把管理人员和工人都送到新联合汽车制造有限公司去学习精益求精的生产概念。

就在这一合作关系顺利发展的时候，两家公司的这种把彼此的利益结合到一起、在同一屋檐下生产汽车的做法却为众多业界同行所诟病，有些人甚至大骂他们愚蠢。

通用汽车和丰田下定决心，不但要和外部的反对声浪对抗，还要克服必须面对的经营困难。为此，他们在新的合资企业中投入巨资，从汽车的设计到生产，全部采用丰田生产方法，并让美国员工来实施。

1984 年 12 月，第一辆雪弗兰 Novas 在弗里蒙特市的工厂生产线上诞生了。与此同时，该厂也已经在同步生产丰田的花冠 FX。如今，在新联合汽车制造有限公司位于旧金山湾东岸、与 880 号州际公路比邻的弗里蒙特市的工厂里，将近 6 000 名工人在生产通用汽车的 Pontiac Vibe 系列的同时，也生产丰田的轿车和敞篷小型载客卡车。

具有讽刺意味的是，福特和克莱斯勒如今也与竞争对手进行合作。最引人注目的就是他们都分别与通用汽车合作开发新产品。福特与通用汽车合作开发六速自动变速器，戴姆勒·克莱斯勒则和通用汽车共同开发新的混合动力引擎。

拳王阿里也是一个充满智慧的人。拳击比赛在体育比赛中算是比较惊心动魄的了，那就是血与肉的搏斗。拳王阿里一度称霸拳坛多年，在他的回忆文章里，记载了许多感人至深的事：几位曾经是阿里手下败将的年轻选手，赛后找到阿里，向他请教如何出好勾拳，于是阿里退掉了已经订好的飞机票，手把手地教他的这些对手，并把如何才能打败自己的拳法也悉数教给对方。

这种做法，许多人都感到大为不解，记者们也蜂拥而至，为此事对阿里进行求证和采访。阿里则坦然地解释说，谁若能战胜自己，那就说明拳击事业已经发展了，这是自己终身不变的追求——发展拳击事业。

阿里无私的行为获得了人们的称誉和赞美，而在这些赞美之中，最难能可贵的是他的对手们给予他的。

在竞争中合作，体现的是一个人的胸襟和智慧，它不仅带来进步的活力，使胜利者继续前进，使失败者奋起直追，而且使强者得到鼓励，使弱者得到鞭策，最终使大家获得共同的发展和进步。所以，每个人都应保持一个真诚的态度，友好地与竞争对手在合作中双赢。

当我们乐意分享我们所拥有东西给竞争对手的时候，不但不会损失什么，反而会得到更大的喜悦和满足。其实世界上其他事物也是一样，分享会让人们拥有更多，而与对手合作，也会提高我们自己的水平。